UI 交互设计系列丛书

精通HTML+CSS网页开发与制作

车云月　主编

清华大学出版社

北　京

内 容 简 介

本书全面、详实地介绍使用 HTML 进行网页制作的要点，同时讲解了目前流行的 Web 标准与 CSS 网页布局实例，以及网站设计、开发、维护、推广的具体方法和步骤。其中不仅包括静态网页的制作、动态网站的开发、网站的推广与宣传等内容，还包括综合性的整站建设项目案例。本书语言简洁、内容丰富，适合网页设计与制作人员、网站建设与开发人员、大中专院校相关专业师生、网页制作培训班学员、个人网站爱好者阅读。

图书在版编目（CIP）数据

精通 HTML+CSS 网页开发与制作/车云月主编．—北京：清华大学出版社，2018（2021.10重印）
（UI 交互设计系列丛书）
ISBN 978-7-302-46324-5

Ⅰ．①精…　Ⅱ．①车…　Ⅲ．①超文本标记语言-程序设计　②网页制作工具　Ⅳ．①TP312.8　②TP393.092

中国版本图书馆 CIP 数据核字（2017）第 021345 号

责任编辑：杨静华
封面设计：刘　超
版式设计：刘艳庆
责任校对：何士如
责任印制：杨　艳

出版发行：清华大学出版社
网　　址：http://www.tup.com.cn，http://www.wqbook.com
地　　址：北京清华大学学研大厦 A 座　　　邮　　编：100084
社 总 机：010-62770175　　　邮　　购：010-62786544
投稿与读者服务：010-62776969，c-service@tup.tsinghua.edu.cn
质量反馈：010-62772015，zhiliang@tup.tsinghua.edu.cn
印 装 者：三河市科茂嘉荣印务有限公司
经　　销：全国新华书店
开　　本：185mm×260mm　　**印　　张：**12.75　　**字　　数：**298 千字
版　　次：2018 年 1 月第 1 版　　**印　　次：**2021 年 10 月第 4 次印刷
定　　价：49.80 元

产品编号：074046-01

编委会成员

序　言

近年来，移动互联网、大数据、云计算、物联网、虚拟现实、机器人、无人驾驶、智能制造等新兴产业发展迅速，但国内人才培养却相对滞后，存在“基础人才多、骨干人才缺、战略人才稀，人才结构不均衡”的突出问题，严重制约着我国战略新兴产业的快速发展。同时，“重使用、轻培养”的人才观依然存在，可持续性培养机制缺乏。因此，建立战略新兴产业人才培养体系，形成可持续发展的人才生态环境刻不容缓。

中关村作为我国高科技产业中心、战略新兴产业的策源地、创新创业的高地，对全国的战略新兴产业、创新创业的发展起着引领和示范作用。基于此，作者所负责的新迈尔（北京）科技有限公司依托中关村优质资源，聚集高新技术企业的技术总监、架构师、资深工程师，共同开发了面向行业紧缺岗位的系列丛书，希望能缓解战略新兴产业需要快速发展与行业技术人才匮乏之间的矛盾，能改变企业需要专业技术人才与高校毕业生的技术水平不足之间的矛盾。

优秀的职业教育本质上是一种更直接面向企业、服务产业、促进就业的教育，是高等教育体系中与社会发展联系最密切的部分。而职业教育的核心是“教”“学”“习”的有机融合、互相驱动，要做好“教”必须要有优质的课程和师资，要做好“学”必须要有先进的教学和学生管理模式，要做好“习”必须要以案例为核心、注重实践和实习。新迈尔（北京）科技有限公司通过对当前国内高等教育现状的研究，结合国内外先进的教育教学理念，形成了科学的教育产品设计理念、标准化的产品研发方法、先进的教学模式和系统性的学生管理体系，在我国职业教育正在迅速发展、教育改革日益深入的今天，新迈尔（北京）科技有限公司将不断沉淀和推广先进的、行之有效的人才培养经验，以推动整个职业教育的改革向纵深发展。

通过大量企业调研，目前 UI/UE 交互设计师岗位面临着人才供不应求的局面，与过去相比，企业对于 UI/UE 设计师的要求在不断提高，过去的平面设计师已经很难满足企业要求，本系列教材覆盖平面设计、创意设计、移动 UI 设计、网站设计、交互设计、Web 前端开发等模块，教学和学习目标是让学习者能够胜任 UI 交互设计师岗位，不仅会熟练使用设计软件进行平面、移动 APP 和网站设计，还能够根据不同行业、产品和用户进行创意设计，能够更加注重所设计产品的商业价值和用户体验。

任务导向、案例教学、注重实战经验传递和创意训练是本系列丛书的显著特点，改变了先教知识后学应用的传统学习模式，根治了初学者对技术类课程感到枯燥和茫然的学习心态，激发学习者的学习兴趣，打造学习的成就感，建立对所学知识和技能的信心，是对传统学习模式的一次改进。

UI/UE 交互设计系列丛书具有以下特点：

以就业为导向：根据企业岗位需求组织教学内容，就业目的非常明确。

以实用技能为核心：以企业实战技术为核心，确保技能的实用性。

以案例为主线：从实例出发，采用任务驱动教学模式，便于掌握，提升兴趣，本质上提高学习效果。

Note

以动手能力为合格目标：注重培养实践能力，以是否能够独立完成真实项目为检验学习效果的标准。

以项目经验为教学目标：以大量真实案例为教与学的主要内容，完成本课程的学习后，相当于在企业完成了上百个真实的项目。

信息技术的快速发展正在不断改变人们的生活方式，新迈尔（北京）科技有限公司也希望通过我们全体同仁和您的共同努力，让您真正掌握实用技术、让您变成复合型人才、让您能够实现高薪就业和技术改变命运的梦想，在助您成功的道路上让我们一路同行。

编者

2017 年 2 月于新迈尔（北京）科技有限公司

目 录

Contents

Note

Note

Note

初识 HTML 与 CSS

本章简介

在网络时代的主流下，各种信息的获得途径，不论是 PC 端，还是移动端，基本上都是以 Web 页面为基础来呈现的，因此 Web 页面呈现信息已成为各种信息共享的主要形式。而 HTML（Hyper Text Markup Language，超文本置标语言）则是创建 Web 页面的基础。本书将从 HTML 文件的基本结构、语法来展开，然后介绍使用 HTML 标签制作简单的网页，最后使用 DIV+CSS 制作精美的商业网站。

本章将讲解 HTML 的基础内容，给大家打下一个牢固的基础，即本章的重点内容是 HTML 文件的基本结构和 W3C 标准，以及制作网页时常用的基本标签。

本章工作任务

- 学习 HTML 和 CSS
- 制作简单的网页

本章技能目标

- 掌握 HTML 的基本概念
- 掌握 HTML 的基本语法和结构

背诵英文单词

请在预习时找出下列单词在教材中的用法，了解它们的含义和发音，并填写于横线处。

head________________________

title________________________

body________________________

strong________________________

target________________________

href________________________

预习并回答以下问题

1. 什么是 W3C 标准？为什么要遵循这一标准？
2. 制作网页用到的基本标签有哪些？它们的作用是什么？
3. 如何在网页中插入一张图片，并且当鼠标移至图片上时出现图片说明文字？

1.1 HTML 基本概念

互联网上的信息是以网页的形式呈现给用户的，因此，网页是网络信息传递的载体。

网页文件是用一种标签语言书写的，这种语言称为 HTML（Heyper Text Markup Language，超文本标记语言），是用来描述网页文档的一种置标语言。HTML 文件以.htm 或.html 为扩展名。

1.1.1 什么是 HTML

HTML 不是一种编程语言，而是一种描述性的标记语言（Markup Language），用于描述网页的内容和结构。HTML 最基本的语法是：

```
标签页面呈现的内容标签
```

标签通常是成对出现，有一个开始标签就对应有一个结束标签。结束标签只是在开始标签的前面加一个斜杠“/”。当浏览器收到 HTML 文件后，就会解释里面的标签，然后把标签相对应的功能表达出来，从而显示浏览网页的内容。

例如，在 HTML 中，用<h1></h1>标签来定义一个文章的标题，用
标签来定义一个换行符。当浏览器遇到<h1>xxx</h1>标签时，会把该标签中的内容（xxx）自动形成一个标题。当遇到
标签时会自动换行，标签中的“/”可以省略，但为了代码的规范性，一般建议加上。

1.1.2 HTML 的发展历程

HTML 主要用于描述超文本中内容的显示方式。标记语言从诞生到今天，经历了二十几年的不断更新与改进，已经越来越完善，经历的版本及发布日期如表 1.1 所示。

表 1.1 HTML 发展史

版　本	发布日期	说　明
超文本标记语言（第一版）	1993 年 6 月	作为互联网工程工作小组（IETF）的工作草案发布（并非标准）

续表

版　本	发布日期	说　明
HTML2.0	1995 年 11 月	作为 RFC1866 发布，在 RFC2854 于 2000 年 6 月发布之后被宣布已过时
HTML3.2	1997 年 1 月 14 日	W3C 推荐标准
HTML4.0	1997 年 12 月 18 日	W3C 推荐标准
HTML4.01	1999 年 12 月 24 日	微小改进，W3C 推荐标准
IOS HTML	2000 年 5 月 15 日	基于严格的 HTML4.0 语法，是国际标准化组织和国际电工委员会的标准
XHTML1.0	2000 年 1 月 26 日	W3C 推荐标准，后来经过修订，于 2002 年 8 月 1 日重新发布
XHTML1.1	2001 年 5 月 31 日	较 XHTML1.0 有微小改进
XHTML2.0 草案	没有发布	2009 年，W3C 停止了 XHTML2.0 工作组的工作
HTML5	2014 年 12 月 28 日	W3C 正式宣布凝结了大量网络工作者心血的 HTML5 规范正式定稿

1.1.3 HTML 与 XHTML 的重要区别

通过 HTML 的发展历史，可以知道这套语言有两个版本，即 XHTML 和 HTML。虽然目前浏览器都兼容 HTML，但是为了使网页能够符合标准，应该尽量使用 XHTML 规范来编写代码，需要注意的事项有：

（1）在 XHTML 中，标签名必须小写。在 HTML 中，标签名称可以大写，也可以小写。

（2）在 XHTML 中，属性名称必须小写。在 HTML 中，属性名称不区分大小写。

（3）在 XHTML 中，标签必须严格嵌套。在 HTML 中，对标签的嵌套没有严格的规定。

（4）在 XHTML 中，标签必须封闭。在 HTML 中，标签不封闭也是正确的，即标签可以不成对出现。例如，“<p>我没有结束标记”和“<p>我有开始标记和结束标记</p>”，在浏览器中显示的结果是完全相同的；但是，在 XHTML 中，第一条语句是不被允许的（不能正常显示），必须像第二条语句那样，严格地使标签封闭。

（5）在 XHTML 中，即使是空元素的标签也必须封闭。这里说的空标签，就是指那些像<img>
<hr>等不对称的标签，它们也必须闭合，在 HTML 中，这类标签书写为<img>或<img />均是正确的；但在 XHTML 规范中，必须写为<img />才正确。

（6）在 XHTML 中，属性值必须使用双引号引起来。在 HTML 中，属性值可以不必使用双引号。

（7）在 XHTML 中，属性值必须使用完整形式。在 HTML 中，一些属性经常使用简写方式设定属性值，如<input disabled>；而在 XHTML 中，必须完整地写为<input disabled="disabled"/>。

1.1.4 HTML 文件基本结构

完整的 HTML 结构包括头部、主体等，页面的各部分内容都在对应的标签中。

一个 HTML 文件的基本结构如示例 1.1 所示。

示例 1.1：

```
<!DOCTYPE html>                         <!--文档类型说明-->
<html lang="en">                        <!--文件开始标签-->
    <head>                              <!--文档头部开始标签-->
        <meta charset="UTF-8">          <!--字符集-->
        <title>Title</title>            <!--文档的头部-->
    </head>                             <!--文档头部结束标签-->
    <body>                              <!--文档的主体-->
    </body>                             <!--主体结束标签-->
</html>                                 <!--文件结束标签-->
```

1. DOCTYPE 声明

DOCTYPE 是用来声明文档类型的，声明文档为 HTML 文档结构，用来检验是否符合 Web 相关标准，同时告诉浏览器使用哪种规范来解释这个文档中的代码。DOCTYPE 声明必须位于 HTML 文档的第一行。

2. <html>标签

<html>标签是 HTML 语言中最基本的单位，一个网页以<html>标签开始、以</html>标签结束。

3. <head>标签

<head>标签用于定义文档的头部，是所有头部元素的容器。<head>标签中的元素可以引用脚本，指示浏览器在哪里找到样式表，提供元信息等。文档的头部描述了文档的各种属性和信息，绝大多数文档头部包含的数据都不会真正作为内容显示给用户。

4. <title>标签

<title>标签描述网页的标题，类似一篇文章的标题，一般为一个简洁的主题，并能吸引读者有兴趣读下去，例如，百度首页，对应的网页标题为:

```
<title>百度一下，你就知道</title>
```

在浏览器中的效果如图 1.1 所示。

图 1.1　<title>标签的使用

5. <meta>标签

<meta>标签描述网页具体的摘要信息，包括文档内容类型、字符编码信息、搜索关键

字、网站提供的功能和服务的详细描述等。<meta>标签描述的内容并不显示，其目的是方便浏览器解析或利于于搜索引擎搜索，采用“名称/值”对的方式描述摘要信息。

```
<meta http-equiv="content-type" content="text/html; charset=UTF-8"/>
```

其中，属性“http-equiv”提供“名称/值”中的名称，“content”提供“名称/值”中的值，HTML 代码的含义如下。

☑ 名称：content-type（文档内容类型）。

☑ 值：text/html。

charset=UTF-8（html 文档的字符编码为国际标准字符），charset 表示字符集编码。常用的编码有以下几种。

GB2312：简体中文，一般用于包含中文和英文的页面。

ISO-885901：纯英文，一般用于只包含英文的页面。

BIG5：繁体，一般用于带有繁体字的页面。

UTF-8：国际通用的字符编码，同样适用于中文和英文的页面。与 GB2312 编码相比，国际通用性更好，但字符编码的压缩比较低，对网页性能有一定的影响。

当网页打开后出现乱码的原因就是没有设置<meta>标签、字符编码造成的，从这里可以看到，一个网页的字符编码是多么重要，因此在制作网页时，一定不要忘记设置网页编码，以免出现页面乱码问题。

6. <body>标签

<body>标签是用在网页中的一种 HTML 标签，表示网页的主体部分，也就是用户可以看到的内容，可以包含文本、图片、音频、视频等各种内容。

1.2 W3C 标准

发明 HTML 的初衷是为了实现信息资料的网络传播和共享，希望 HTML 文档具有平台无关性。即同一 HTML 文档，在不同的系统、不同的浏览器上看到同样的页面内容和效果，但遗憾的是，随着浏览器市场的激烈竞争，各大浏览器厂商为了吸引用户，都在早期 HTML 版本的基础上扩展了各类标签，导致 HTML 编码规则混乱，各浏览器之间互不兼容，违背了 HTML 发明的初衷，在这样的背景下，W3C（World Wide Web Consortium，万维网联盟）诞生了，由该组织来制定和维护统一的国际化 Web 开发标准，确保多个浏览器都兼容，因此由 W3C 组织制定和维护的 Web 开发标准，也称为 W3C 标准。

1.3 CSS 的基本概念

1.3.1 什么是 CSS

CSS（Cascading Style Sheet，层叠样式表）是一组格式设置规则，用于控制 Web

Note

页面的外观。

通过使用 CSS 样式设置页面的格式，可将页面的内容与表现形式分开。

1.3.2 CSS 的发展史

CSS 最早于 1996 年由 W3C 审核通过并推荐使用，被称为 CSS1，CSS1 比较全面地规定了文档的显示样式，主要包括选择器、 以及一些基本的样式。1998 年，W3C 推出了 CSS2，CSS2 在 CSS1 的基础上添加了新的选择器，改进了位置属性以及添加了新的媒体类型等。在实现 CSS2 标准时花费了很长时间，遇到了很多的问题，于是，2007 年 W3C 对 CSS2 进行了修订、修改，同时又删除了一些属性和样式，推出了 CSS2.1。2001 年 W3C 开始着手 CSS3 标准的制定，与前面的版本不一样，CSS3 不是一个独立的完整版本，而是拆分成了若干个独立的模块，如选择器模块和盒模型模块等，这些拆分有利于整个标准的及时更新和发布，也有利于浏览器厂商的实现。然而每个模块的进度都不一样，比如选择器模块可能已经有标准了，而像 grad 布局可能还处在一个起草阶段，所以说 CSS3 的全面支持与推广还需要很长一段时间。但现在一些主流浏览器已经开始支持 CSS3 的部分属性了，开发者在开发中也已经用到这些属性，特别是在移动端的开发中，像页面中的动画、圆角等效果，基本上都是用 CSS3 的属性来做的。

1.3.3 HTML 和 CSS 的优缺点

（1）HTML 主要有 3 个缺点，如下所示。

☑ HTML 代码不规范，臃肿，需要足够智能和庞大的浏览器才能够正确显示页面。

☑ 数据与表现混杂，当页面要改变显示时，就必须重新制作 HTML。

☑ 不利于搜索引擎搜索。

（2）HTML 有两个显著的优点，如下所示。

☑ 使用 Table 的表现方式不需要考虑浏览器兼容问题。

☑ 简单易学，易于推广。

（3）CSS 的优点产生恰好弥补了 HMTL 的缺点，主要表现在以下几个方面。

☑ 表现与 css 的结构分离。

CSS2 从真正意义上实现了设计代码与内容的分离，它将设计部分剥离出来并放在一个独立的样式文件中，HTML 文件中只存放文本信息，这样的页面对搜索引擎更加友好。

☑ 提高页面浏览速度。

对于一个页面视觉效果，采用 CSS 布局的页面容量要比 Table 编码的页面文件容量小得多，前者一般只有后者的 1/2，浏览器不用去编译大量冗长的标签。

☑ 易于维护和改版。

开发者只要简单修改几个 CSS 文件，就可以重新设计整个网站的页面。

☑ 继承性能优越（层叠处理）。

CSS 代码在浏览器的解析顺序上会根据 CSS 的级别进行，它按照对同一元素定义的先后来应用多个样式，良好的 CSS 代码设计可以使代码之间产生继承关系，能够达到最大限度的代码重用，从而降低代码量及维护成本。

☑　易于被搜索引擎搜索。

由于 CSS 代码规范整齐，且与网页内容分离，所以引擎搜索时仅分析内容部分即可。

（4）CSS 主要缺点在于需要考虑浏览器兼容性的问题。

Note

1.4　网页的开发环境

1.4.1　记事本开发环境

单击 Windows 任务栏上的“开始”按钮，选择“所有程序”→“附件”→“记事本”命令，打开记事本程序，如图 1.2 所示。

在记事本程序中输入相关的 HTML 和 CSS 代码，然后将记事本文件以扩展名为.html 或.htm 进行保存，并在浏览器中打开文档以查看效果。

图 1.2　记事本开发环境

1.4.2　Dreamweaver CS6 开发环境

使用记事本可以编写 HTML 文件，但是编写效率太低，对于语法错误及格式都没有提示，而很多专门制作网页的工具则弥补了这种缺陷。其中，Adobe 公司的 Dreamweaver CS6 用户界面非常友好，是一款非常优秀的网页开发工具，深受广大用户的喜爱。Dreamweaver CS6 的主界面如图 1.3 所示。

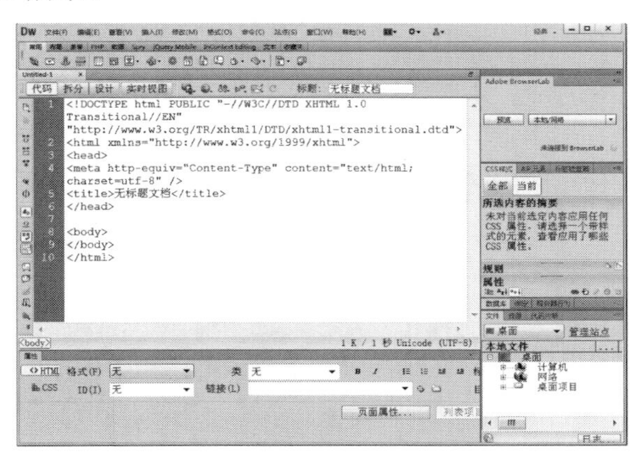

图 1.3　Dreamweaver CS6 开发环境

Note

本 章 总 结

☑ HTML 文件的基本结构包括页面声明、页面基本信息、页面头部和页面主体等。
☑ 编写 HTML 文档时必须遵守 W3C 标准，W3C 是制定和维护统一的国际化 Web 开发标准的组织。
☑ 理解 CSS 的基本概念。
☑ 用 Dreamweaver CS6、记事本程序开发网页。

HTML 的基本标签

本章简介

本章主要介绍网页开发过程中用到的标签。标签是开发网页的必备知识，主要用来承载网页内容。就好像是要把一桶水搬到饮水机上，饮水机就是网页中的标签，水桶是网页的内容。然而标签种类繁多，开发网页时要针对内容选择相对应的标签，这就是语义话标签。在开发过程中，不同的内容选用不同的标签，这样计算机才能更好地解析网页。

本章工作任务

- 制作摄影作品页面
- 制作网页导航部分

本章技能目标

- 会使用各种标签描写页面内容

背诵英文单词

请在预习时找出下列 HTML 标签在本章中的作用和用法，并填写于横线处。

p______________________________

h______________________________

img____________________________

a______________________________

br________________________

hr________________________

sup_______________________

sub_______________________

Note

预习并回答以下问题

1. 网页基本标签有哪些？它们的作用是什么？
2. 网页中怎么插入一张图片？图片标签有哪几种常用的属性？
3. 超链接的概念是什么？超链接的基本语法是什么？超链接有哪些分类？

2.1 标题标签

标题标签（Heading）也叫作<h>标签，包括<h1> <h2> <h3> <h4> <h5> <h6>标签，表示一段文字的标题或主题，其中<h1>标签定义最大的标题，<h6>标签定义最小的标题。<h1>标签通常用于网站的标题，<h2><h3>标签则分别作为大分类列表、内容列表等层层递进。在这里强调一点，<h1>标签表示一段文字的标题或主题，所以不宜多用，一个就足够了；<h2>～<h6>标签使用数目不限，以体现多层次的内容结构。例如，一级标题采用<h1>，二级标题则采用<h2>，其他依此类推。HTML 共提供了 6 级标题<h1>～<h6>，并赋予了标题一定的外观，所有标题字体加粗。代码如示例 2.1 所示。

示例 2.1：

```
<!DOCTYPE html>
<html>
    <head>
        <meta charset="UTF-8">
        <title>标题标签</title>
    </head>
    <body>
        <h1>我是一级标题，我最大</h1>
        <h2>我是二级标题</h2>
        <h3>我是三级标题</h3>
        <h4>我是四级标题</h4>
        <h5>我是五级标题</h5>
        <h6>我是六级标题，我最小</h6>
    </body>
</html>
```

在浏览器中效果如图 2.1 所示。

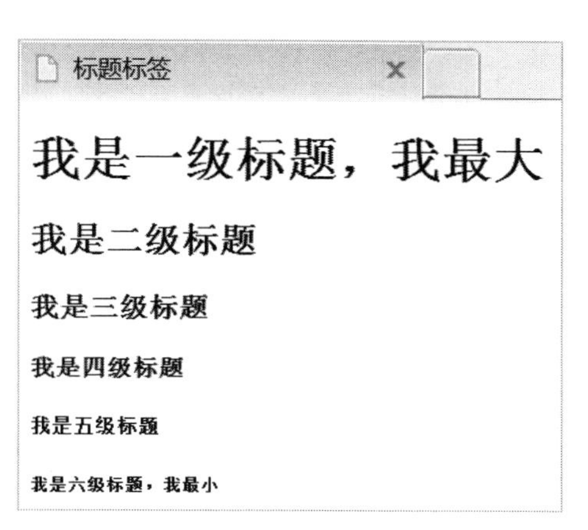

图 2.1　标题标签

Note

2.2　分段显示网页段落文本（Paragraph）

使用段落标签<p>可以分段显示网页中的文本，让文章具有段落之分。合理使用段落<p>让文本体现出段落后，不仅可以减轻阅读者的视觉疲劳，而且可以让文章更有条理，也利于搜索引擎优化。段落标签是双标签，即<p></p>，在<p>开始标签和</p>结束标签之间的内容形成一个段落，即从<p>标签开始，直到遇到下一个段落标签之前的文本，都在一个段落内。代码如示例 2.2 所示。

示例 2.2：

```
<!DOCTYPE html>
<html>
    <head>
        <meta charset="UTF-8">
        <title>段落标标签</title>
    </head>
    <body>
        <p>《春》 作者：朱自清</p>
        <p>盼望着，盼望着，东风来了，春天的脚步近了。</p>
        <p>一切都像刚睡醒的样子，欣欣然张开了眼。山朗润起来了，水涨起来了，太阳的脸红起来了。</p>
        <p>小草偷偷地从土里钻出来，嫩嫩的，绿绿的。园子里，田野里，瞧去，一大片一大片满是的。坐着，躺着，打两个滚，踢几脚球，赛几趟跑，捉几回迷藏。风轻悄悄的，草软绵绵的。</p>
        <p>桃树、杏树、梨树，你不让我，我不让你，都开满了花赶趟儿。红的像火，粉的像霞，白的像雪。花里带着甜味儿；闭了眼，树上仿佛已经满是桃儿、杏儿、梨儿。花下成千成百的蜜蜂嗡嗡地闹着，大小的蝴蝶飞来飞去。野花遍地是：杂样儿，有名字的，没名字的，散在草丛里，像眼睛，像星星，还眨呀眨的…… </p>
    </body>
</html>
```

在浏览器中效果如图 2.2 所示。

Note

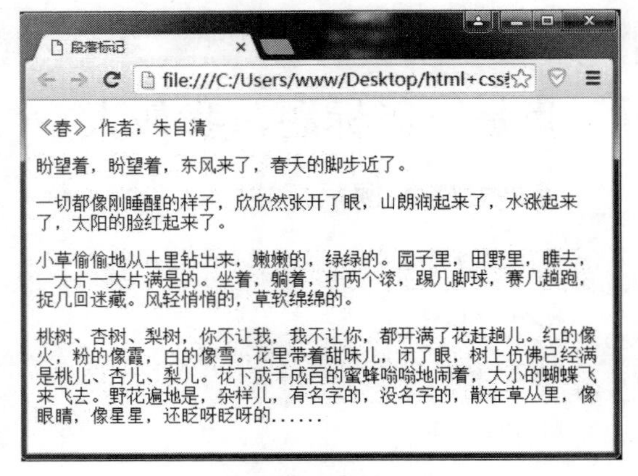

图 2.2　段落标签显示效果

2.3　网页段落文本换行（Break）

使用换行标签可以将网页段落中的文本换行显示，换行标签
是一个单标签，它没有结束标签，是英文单词 break 的缩写，作用是将文字在一个段落内强制换行。一个
标签代表一个换行，连续的多个
标记可以实现多次换行。使用换行标签时，在需要换行的位置添加
标签即可。代码如示例 2.3 所示。

示例 2.3：

```
<!DOCTYPE html>
<html>
    <head>
        <meta charset="UTF-8">
        <title>文本段换行</title>
    </head>
    <body>
        你见，或者不见我<br/>
        我就在那里<br/>
        不悲不喜<br/>
        <br/>
        你念，或者不念我<br/>
        情就在那里<br/>
        不来不去
    </body>
</html>
```

在浏览器中的效果如图 2.3 所示。

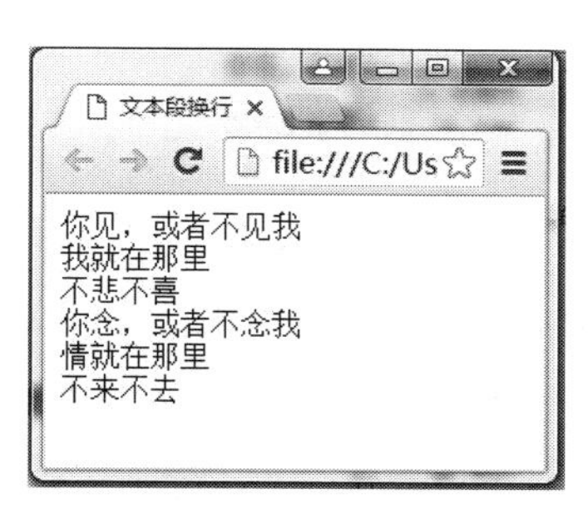

图 2.3　换行标签显示效果

2.4　为网页添加水平线

在网页的排版过程中，如果添加水平线，可以让网页内容有条理的显示。使用水平线标签<hr />可以实现为网页添加水平线效果。代码如示例 2.4 所示。

示例 2.4：

```
<!DOCTYPE html>
<html>
    <head>
        <meta charset="UTF-8">
        <title>定义水平线</title>
    </head>
    <body>
        <p>定义水平线</p>
        <hr/>
        <p>床前明月光，疑是地上霜。</p>
        <hr/>
        <p>举头望明月，低头思故乡。</p>
    </body>
</html>
```

在浏览器中的效果如图 2.4 所示。

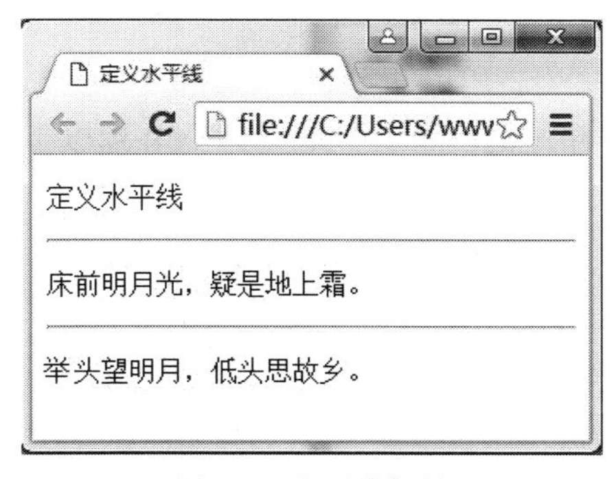

图 2.4　水平线标签

Note

2.5　字体样式标签

在网页中，针对不同的内容可能需要使用不同的字体样式，如重要文本通常以粗体显示，辅助内容可能以斜体显示。HTML 中的<b>标签将文字显示为粗体，<em>标签将文字显示为斜体，<strong>标签用于显示需要强调的文字。代码如示例 2.5 所示。

示例 2.5：

```
<!DOCTYPE html>
<html>
    <head>
        <meta charset="UTF-8">
        <title>无标题文档</title>
    </head>
    <body>
        <p><b>粗体文字的显示效果哦</b></p>
        <p><em>斜体文字的显示效果</em></p>
        <p><strong>强调文字的显示效果哦</strong></p>
    </body>
</html>
```

在浏览器中的效果如图 2.5 所示。

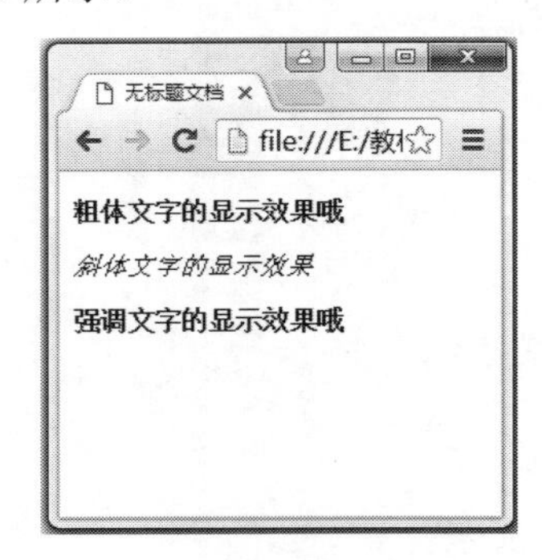

图 2.5　字体样式标签

在 HTML 中用<sup>标签实现上标文字，用<sub>标签实现下标文字。<sup>和<sub>都是双标签，放在开始标签和结束标签之间的文本会分别以上标或下标形式出现。代码如示例 2.6 所示。

示例 2.6：

```
<!DOCTYPE html>
<html>
    <head>
        <meta charset="UTF-8">
        <title>上下标文</title>
    </head>
    <body>
```

```
        <!--上标显示-->
        <p>c=a<sup>2</sup>+b<sup>2</sup></p>
        <!--下标显示-->
        <p>H<sub>2</sub>O</p>
    </body>
</html>
```

Note

在浏览器中的效果如图 2.6 所示。

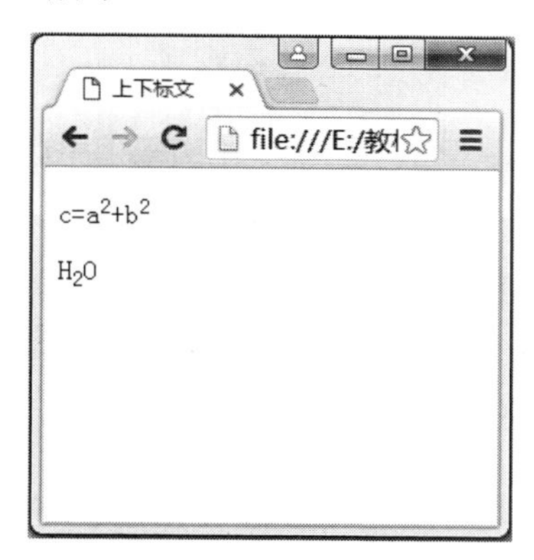

图 2.6　上标和下标标签

2.6　页面注释标签

注释是在 HTML 代码中插入的描述性文本，用来解释该代码或提示其他信息。注释只出现在代码中，浏览器对注释代码不进行解释，在浏览器的页面中也不显示。在 HTML 源代码中适当插入注释语句是一种非常好的习惯。对于设计者日后的代码修改、维护工作很有好处。如果将代码交给其他设计者，其他人也能很快读懂前者所撰写的内容。

注释语法如下：

```
<!- -注释内容- ->
```

注释语句由两部分组成，前半部分是一个左尖括号、一个半角感叹号和两个连字符，后半部分由两个连字符和一个右尖括号组成。代码如示例 2.7 所示。

示例 2.7：

```
<!DOCTYPE html>
<html>
    <head>
        <meta charset="UTF-8">
        <title>注释</title>
    </head>
    <body>
        <!- -这里是标题- ->
        <h3>网页设计</h3>
    </body>
```

```
</html>
```

在浏览器中的效果如图 2.7 所示。

Note

图 2.7　页面注释

页面注释不但可以对 HTML 中一行或多行代码进行解释说明，而且可以注释掉这些代码。如果希望某些 HTML 代码在浏览器中不显示，可以将这部分内容放在<!- -和- ->之间。例如，修改上述代码，如示例 2.8 所示。

示例 2.8：

```
<!DOCTYPE html>
<html>
    <head>
        <meta charset="UTF-8">
        <title>注释</title>
    </head>
    <body>
        <!- -<h3>网页设计</h3> - ->
    </body>
</html>
```

在浏览器中的显示效果如图 2.8 所示。

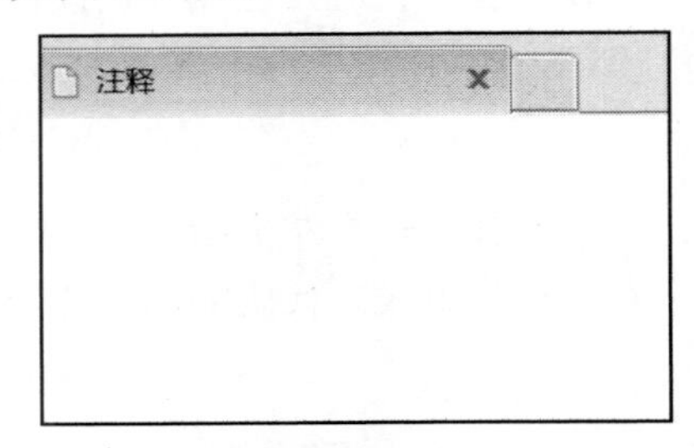

图 2.8　内容注释

修改后的代码将<h3>标签作为注释内容处理了，在浏览器中将不会显示这部分内容。

目前，各行各业的信息都出现在网络上，而每个行业都有自己的行业符号，如数学、物理和化学都有特殊的符号，而这些特殊字符往往与 HTML 标签存在冲突，如果不加处理就会导致 HTML 页面的混乱，浏览器无法正确识别。那么，如何在网页中添加这些特殊的字符呢？在 HTML 中，特殊符号以&开头，后面书写相关特殊字符，常见的特殊字符如表 2.1 所示。

表 2.1　HTML 的特殊字符

显　　示	说　　明	HTML 编码
	半角的空格	
	全角的空格	
	不断行的空格	
<	小于	<
>	大于	>
&	&符号	&
“	双引号	"
©	版权	©
®	已注册商标	®
TM	商标（美国）	™
X	乘号	×
÷	除号	÷

技能训练

上机练习 1

制作李之仪的词《卜算子》

需求说明：

使用学过的标签制作李之仪的词《卜算子》，页面效果如图 2.9 所示。

上机练习 2

制作李之仪简介

需求说明：

使用学过的标签制作李之仪的简介，标题使用标题类标签，人名加粗显示，时间斜体显示，并制作页面版权部分，完成效果如图 2.10 所示。

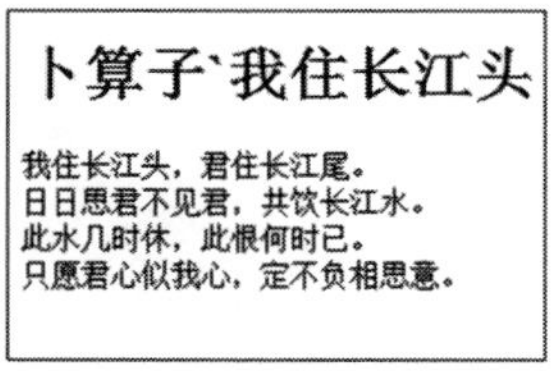

卜算子`我住长江头

我住长江头，君住长江尾。
日日思君不见君，共饮长江水。
此水几时休，此恨何时已。
只愿君心似我心，定不负相思意。

图 2.9　卜算子

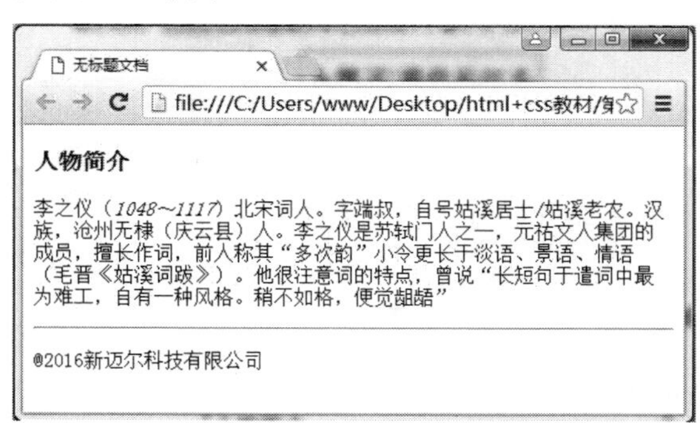

图 2.10　人物简介

2.7 图像标签和超链接标签

2.7.1 网页中的图像

一图抵千言，图片是网页中不可缺少的元素，会使网页更加生动，可以描述更复杂的问题。在网页中巧妙地使用图片，可以使网页图文并茂，为网页增色不少。网页支持多种图片格式，并且可以对插入的图片设置宽度和高度。

网页中使用的图片格式可是 GIF、JPEG、BMP、TIFF、PNG 等，其中使用最广泛的是 JPEG、GIF 和 PNG 这 3 种格式。它们的相同点是都经过了压缩，压缩比越高，图像品质越差。

2.7.2 图像标签的基本语法

图像标签的基本语法如下：

```
<img src="图片地址" alt="图像的替代文字" title="鼠标悬停提示文字" width="图片宽度" height="图片高度" />
```

其中，src 属性用于指定图片源文件的路径，是<img>标签必不可少的属性。alt 属性指定的替代文字，表示图像无法显示时（如图片路径错误或网速太慢等）替代显示的文本，这样，即使当图片无法显示时，用户还是可以看到网页丢失的信息内容，如图 2.11 所示。

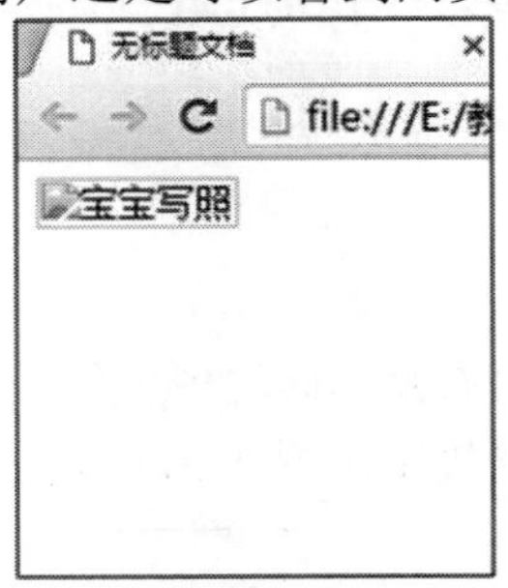

图 2.11 显示效果

title 属性可以提供额外的提示或帮助信息，当鼠标移至图片上时显示该提示信息，方便用户使用。代码如示例 2.9 所示。

示例 2.9：

```
<!DOCTYPE html>
<html>
    <head>
        <meta charset="UTF-8">
        <title>无标题文档</title>
    </head>
    <body>
        <img src="../pic/pic_11.jpg" title="北京施华洛摄影之童真系列"/
```

```
    </body>
</html>
```

在浏览器中的效果如图 2.12 所示。

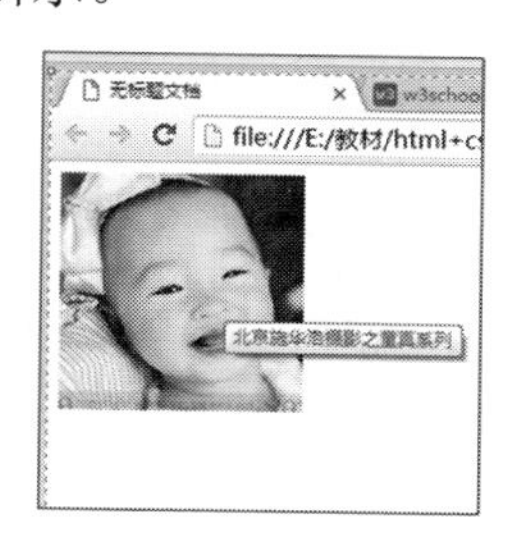

图 2.12　title 属性显示效果

2.7.3　设置图片的宽度和高度

在 HTML 文档中，还可以设置插入图片的显示大小，一般是按原尺寸来显示，但也可以任意设置显示尺寸。设置图片尺寸时，分别用属性 width（宽度）和 height（高度）。代码如示例 2.10 所示。

示例 2.10：

```
<! DOCTYPE html>
<html>
    <head>
        <meta charset="UTF-8">
        <title>无标题文档</title>
    </head>
    <body>
        <img src="img/img-6.jpg"/>
        <img src="img/img-6.jpg" width="200"/>
        <img src="img/img-6.jpg" width="200" height="200"/>
    </body>
</html>
```

在浏览器中的效果如图 2.13 所示。

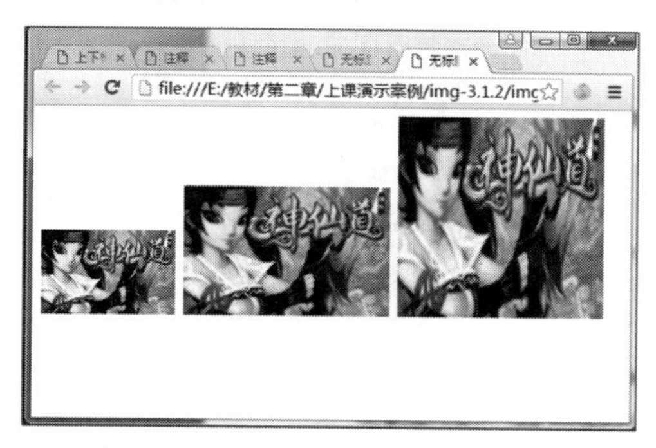

图 2.13　设置图片的宽度和高度

如图 2.13 所示，左图是图片的原始尺寸，中图是改变宽度的尺寸，右图是改变宽度和

高度的尺寸。

可以看出图片的显示尺寸是由 width（宽度）和 height（高度）控制的。当只为图片设置一个尺寸属性时，另外一个尺寸就以图片原始的长宽比例来显示。图片的尺寸单位可以选择百分比或数值。百分比为相对尺寸，数值是绝对尺寸。

2.7.4 排列图片

在网页的文字中，如果插入图片，就可以对图片进行排列。常用的排列方式为居中、底部对齐和顶部对齐。代码如示例 2.11 所示。

示例 2.11：

```
<!DOCTYPE html>
<html>
    <head>
        <meta charset="UTF-8">
        <title>图片对齐</title>
    </head>
    <body>
        <h3>未设置图片对齐方式</h3>
        <p>图片<img src="img-3.1.2/img/img-6.jpg"/>在文本中</p>
        <h2>设置图片对齐方式</h2>
        <p>图片和<img src="img-3.1.2/img/img-6.jpg" algin="bottom"/>文字底部对齐</p>
        <p>图片和<img src="img-3.1.2/img/img-6.jpg" align="middle"/>文字居中对齐</p>
        <p>图片和<img src="img-3.1.2/img/img-6.jpg" align="top"/>文字顶部对齐</p>
    </body>
</html>
```

在浏览器中的效果如图 2.14 所示。

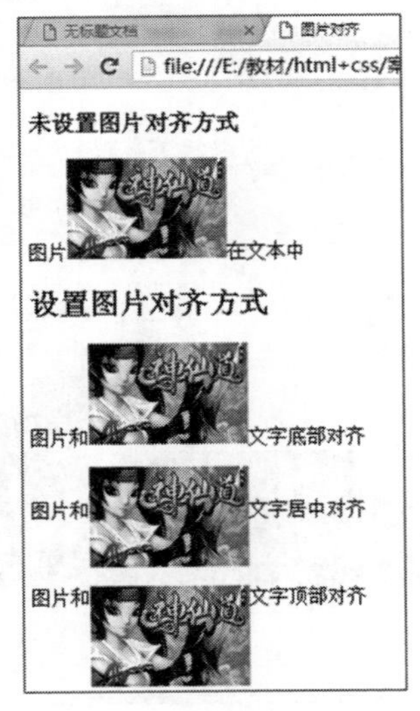

图 2.14　图片的排列方式

示例 2.12：

```
<!DOCTYPE html>
<html>
    <head>
        <meta charset="UTF-8">
        <title>无标题文档</title>
    </head>
    <body>
        <p><img src="img/renwen.png"/>
        <img src="img/renwen-2.png"/><br/>
        西雅图原生态公寓室内设计和 Stadshem 小户型公寓设计</p>
        <p><img src="img/renwen-3.png"/>
        <img src="img/renwen-4.png"/><br/>
        西雅图原生态公寓室内设计和 Stadshem 小户型公寓设计</p>
    </body>
</html>
```

在浏览器中的效果如图 2.15 所示。

图 2.15　<img>标签综合案例

2.8　网页超链接（Anchor）

HTML 中的 H 就是 Hypertext（超文本）的缩写，超文本链接语言的精髓就是链接，通过链接才可以把世界各地的网页链接到一起成为互联网。链接是网页中极为重要的部分，单击文档中的链接，即可跳转至相应的位置。正是因为有了链接，用户才可以在不同的网页中来回跳转，从而方便地查阅各种各样的知识，享受网络带来的无穷乐趣。

2.8.1　超链接的概念

通过超链接浏览不同的网页就是从一个文档跳转到另一个文档、从一个位置跳转到另一个位置、从一个网站跳转到另一个网站的过程，而这些过程都是通过链接来实现的。

超链接包含两部分内容：一是链接地址，即链接的目标，可以是某个网址或文件的路径，对应为<a>标签的 href 属性；二是链接文本或图像，单击该文本或图像，将跳转到 href

属性指定的链接地址，超链接的基本语法如下：

```
<a href="链接地址" target="目标窗口位置">链接文本或图像</a>
```

其中，href 表示链接地址的路径。target 指定链接在哪个窗口打开，常用的取值有_self（自身窗口）和_blank（新建窗口）。

超链接既可以是文本超链接，也可以是图像超链接。例如，示例 2.13 中两个链接分别表示文本超链接和图像超链接，单击这两个超链接均能在一个新的窗口中打开百度页面。代码如示例 2.13 所示。

示例 2.13：

```
<!DOCTYPE html>
<html>
    <head>
        <meta charset="UTF-8">
        <title>超链接</title>
    </head>
    <body>
        <a href="http://www.baidu.com" target="_blank">百度</a><br/>
        <a href="http://www.baidu.com" target="_blank"><img src="img/baidu.gif"/></a>
    </body>
</html>
```

在浏览器中打开页面并单击超链接，显示效果如图 2.16 所示。

图 2.16 超链接属性

根据链接地址是指向站外文件还是站内文件，链接地址又分为绝对路径和相对路径。

☑ 绝对路径：指向目标地址的完整描述，一般指向本站点外的文件。例如：

```
<a href ="http://www.sohu.com/index.html>"搜狐</a>
```

☑ 相对路径：相对于当前页面的路径，一般指向本站点内的文件，所以一般不需要完整的 URL 地址的形式。例如：

```
<a href="login/login.html">登录</a>
```

表示链接地址为当前页面所在路径的“login”目录下的“login.html”页面。假定当前页面所在的目录为“D:\root”,则链接地址对应的页面为“D:\root\login\ login.html”。

另外，站内使用相对路径时常用到两个特殊符号：“../”表示当前目录的上级目录，“../../”表示当前目录的上上级目录。

Note

2.8.2　超链接的应用场合

在上网时，读者可能会发现，单击超链接时，有的链接到其他页面，有的链接到当前页面，还有的直接打开邮件。实际上根据超链接的应用场合，可以把链接分为 3 类。

（1）页面间链接：A 页到 B 页，最常用，用于网站导航。

（2）锚链接：A 页的甲位置到 A 页的乙位置，或 A 页的甲位置到 B 页的乙位置。

（3）功能性链接：在页面中调用其他程序功能，如电子邮件、QQ 和 MSN 等。

1. 页面间链接

页面间链接就是从一个页面链接到另外一个页面。如图 2.17 所示，http://www.itzpark.com/页面间超链接，分别指向新闻中心页面和校企合作页面。

图 2.17　页面间链接样式

2. 锚链接

常用于目标页内容很多，需定位到目标内容中的某个具体位置时。当单击某个超链接时，将跳转到对应的内容介绍处，这种方式就是前面说的从 A 页面的甲位置跳转到本页面中的乙位置，语法结构如下：

```
<a href="#c4">查看第 4 章</a>
<a name="c4">第 4 章</a>
```

其中，name 为<a>标签的属性，c4 为标记名，其功能类似古时用于固定船的锚（或钩），所以也称为锚名。代码如示例 2.14 所示。

示例 2.14：

```
<!DOCTYPE html>
<html>
    <head>
        <meta charset="UTF-8">
        <title>锚链接</title>
    </head>
    <body>
        <p><a href="#c4">查看第 4 章</a></p>
        <h3>第 1 章</h3>
```

Note

```
            <p>本章讲解图片相关知识.....</p>
            <h3>第 2 章</h3>
            <p>本章讲解文字相关知识.....</p>
            <h3>第 3 章</h3>
            <p>本章讲解动画相关知识.....</p>
            <h3><a name="c4">第 4 章</a></h3>
            <p>本章讲解图形相关知识.....</p>
            <h3>第 5 章</h3>
            <p>本章讲解图片相关知识.....</p>
            <h3>第 6 章</h3>
            <p>本章讲解图片相关知识.....</p>
        </body>
</html>
```

在浏览器中预览网页，效果如图 2.18 所示。单击页面中的超链接，即可将“第 4 章”的内容跳转到页面顶部。

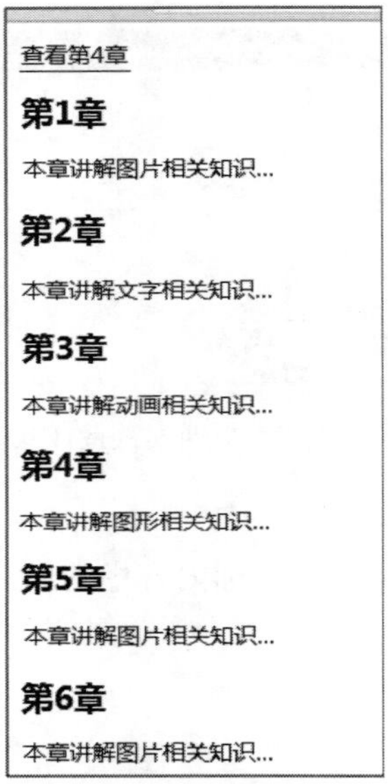

查看第4章

第1章

本章讲解图片相关知识...

第2章

本章讲解文字相关知识...

第3章

本章讲解动画相关知识...

第4章

本章讲解图形相关知识...

第5章

本章讲解图片相关知识...

第6章

本章讲解图片相关知识...

图 2.18　锚链接

3. 功能性链接

功能性链接比较特殊，当单击超链接时不是打开某个页面，而是启动本机自带的某个应用程序，如常见的电子邮件、QQ 和 MSN 等。接下来以最常见的电子邮件超链接为例，当单击“联系我们”邮件超链接，将打开用户的电子邮件程序，并自动填写“收件人”文本框中的电子邮件地址。电子邮件链接的用法是：“mailto:电子邮件地址”，例如：

```
<a href="mailto:654218943@163.com">联系我们</a>
```

2.9　技 能 训 练

1. 制作去哪儿网导航

需求说明：

使用学过的标签制作去哪儿网的导航，每个导航都要加上空链接，并且要在新的窗口打开新的页面，如图 2.19 所示。

度假首页　主题度假　国内度假　出境度假　周边度假　当地参团　邮轮度假　签证

图 2.19　去哪儿网导航

2. 练习摄影系列作品

制作完成如图 2.20 所示的效果。

图 2.20　摄影作品

本 章 总 结

☑ 网页基本标签包括标题标签<h1>～<h6>、段落标签<p>、水平线标签<hr/>、换行标签
等。

☑ 字体样式标签、上标（sup）、下标（sub）。

☑ 图片标签<img/>，以及 src 属性和 alt 属性。

☑ 超链接标签<a>的应用，超链接可分为页面间链接、锚链接和功能性链接。

列表、表格和框架

本章简介

列表在网页设计、制作中占有比较大的比重。每个网页都有大量的信息，而列表使这些信息排列有序、条理清晰，大量精美、漂亮的网页中都使用了列表。本章将向大家介绍列表的概念及相关的使用方法，通过练习掌握列表应用的技巧，从而可以制作出精美的网页。同时，在制作网页时，表格是一种不可或缺的数据展示工具，使用表格可以灵活地实现数据展示，表格在很多页面中还发挥着页面排版的作用。对于页面的排版和设计，框架也是网页制作过程中一种普遍采用的方式，使用框架可以极大地提高页面的复用程度，减少重复开发，因此掌握框架技术也是网页制作人员应该具备的基本技能。

本章工作任务

- 使用列表展示数据
- 使用表格展示数据
- 使用框架设计页面

本章技能目标

- 会使用有序列表实现数据展示
- 会使用无序列表实现数据展示
- 会使用表格实现数据展示

背诵英文单词

请在预习时找出下列单词在本章中的用法，了解它们的含义和发音，并填写于横线处。

Note

table________________________

type________________________

frame________________________

row________________________

column________________________

caption________________________

预习并回答以下问题

1. 列表分为几种类型？分别是什么？
2. 表格的作用是什么？表格的用法？
3. 制作网页过程中用到的框架有什么？

3.1 列　　表

顾名思义，列表就是按顺序显示内容，以便使网页更易读。例如京东商城首页的商品分类，条理清晰、井然有序，是列表应用的一个很好的例子。文字列表可以有序地编排一些信息资源，使其结构化和条理化，并以列表的样式显示出来，以便浏览者能更加快捷地获得相应的信息。HTML 中的文字列表如同文字编辑软件 Word 中的项目符号列表和自动编号列表。HTML 提供了 3 种常用的列表：无序列表、有序列表和自定义列表。下面分别对这 3 种列表详细讲解。

3.1.1 建立无序列表<ul>

无序列表相当于 Word 中的项目符号列表，其项目排列没有先后顺序，大部分网页列表都采用无序列表。通常无序列表只以符号或图标作为分项标识。无序列表的列表标签采用<ul></ul>标签，其中每一个列表项使用<li></li>标签，代码如示例 3.1 所示。

示例 3.1：

```
<!DOCTYPE html>
<html>
    <head>
        <meta charset="UTF-8">
        <title>无标题文档</title>
    </head>
    <body>
        <ul>
            <li>无序列表项</li>
            <li>无序列表项</li>
            <li>无序列表项</li>
            <li>无序列表项</li>
            <li>无序列表项</li>
```

```
        </ul>
    </body>
</html>
```

无序列表结构中，使用<ul></ul>标签表示一个无序列表的开始和结束，<li>标签则表示一个列表项的开始。

在一个无序列表中可以包含多个列表项，以下示例 3.2 使用无序列表实现文本的排列显示。

示例 3.2：

```
<!DOCTYPE html>
<html>
    <head>
        <meta charset="UTF-8">
        <title>嵌套无序列表</title>
    </head>
    <body>
        <h1>网站建设流程</h1>
        <ul>
            <li>项目需求</li>
            <li>系统分析
                <ul>
                    <li>网站的定位</li>
                    <li>内容收集</li>
                    <li>栏目规划</li>
                    <li>网站内容设计</li>
                </ul>
            </li>
            <li>网页草图
                <ul>
                    <li>制作网页草图</li>
                    <li>将网页草图转换为网页</li>
                </ul>
            </li>
            <li>站点建设</li>
            <li>网页布局</li>
            <li>网站测试</li>
            <li>站点的发布与站点管理</li>
        </ul>
    </body>
</html>
```

在浏览器中效果如图 3.1 所示，在无序列表项中，可以嵌套一个列表。如代码中的“系统分析”列表项和“网页草图”列表项中都有下级列表，因此在相应的<li></li>标签内又增加了一对<ul></ul>标签。

Note

网站建设流程

- 项目需求
- 系统分析
  - 网站的定位
  - 内容收集
  - 栏目规划
  - 网站内容设计
- 网页草图
  - 制作网页草图
  - 将网页草图转换为网页
- 站点建设
- 网页布局
- 网站测试
- 站点的发布与站点管理

图 3.1 无序列表

3.1.2 建立有序列表<ol>

有序列表类似于 Word 中的自动编号列表，也就是列表项有先后顺序的列表，从上到下可以有各种不同的序列编号，如 1、2、3 或 a、b、c 等。有序列表的使用方法与无序列表的使用方法基本相同，它使用<ol></ol>标签，每一个列表项使用<li></li>标签，每个列表项都有先后顺序之分，多数用数字表示。代码如示例 3.3 所示。

示例 3.3：

```
<!DOCTYPE html>
<html>
    <head>
        <meta charset="UTF-8">
        <title>有序列表</title>
    </head>
    <body>
        <ol>
            <li>第 1 项</li>
            <li>第 2 项</li>
            <li>第 3 项</li>
        </ol>
    </body>
</html>
```

示例 3.4 使用有序列表实现文本的排列显示，代码如下。

示例 3.4：

```
<!DOCTYPE html>
<html>
    <head>
        <meta charset="UTF-8">
        <title>有序列表</title>
    </head>
    <body>
        <h1>本节内容列表</h1>
        <ol>
            <li>认识网页</li>
            <li>网页与 HTML 差异</li>
```

```
            <li>认识 WEB 标准</li>
            <li>网页设计与开发的流程</li>
            <li>与设计相关的技术因素</li>
        </ol>
    </body>
</html>
```

在浏览器中的预览效果如图 3.2 所示。

图 3.2　有序列表

3.1.3　建立不同类型的无序列表

通过使用多个<ul>标签，可以建立不同类型的无序列表。代码如示例 3.5 所示。

示例 3.5：

```
<!DOCTYPE html>
<html>
    <head>
        <meta charset="UTF-8">
        <title>无序列表</title>
    </head>
    <body>
        <h4>Disc 项目符号列表：</h4>
        <ul type="disc">
            <li>苹果</li>
            <li>香蕉</li>
            <li>柠檬</li>
            <li>桔子</li>
        </ul>
        <h4>Circle 项目符号列表：</h4>
        <ul type="circle">
            <li>苹果</li>
            <li>香蕉</li>
            <li>柠檬</li>
            <li>桔子</li>
        </ul>
        <h4>Square 项目符号列表：</h4>
        <ul type="square">
            <li>苹果</li>
            <li>香蕉</li>
            <li>柠檬</li>
            <li>桔子</li>
```

```
        </ul>
    </body>
</html>
```

在浏览器中的预览效果如图 3.3 所示。

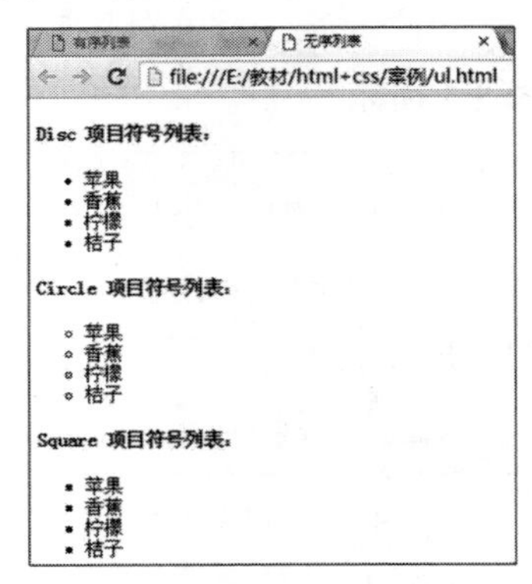

图 3.3　不同类型的无序列表

3.1.4　建立不同类型的有序列表

通过使用多个<ol>标签，可以建立不同类型的有序列表。代码如示例 3.6 所示。

示例 3.6：

```
<!DOCTYPE html>
<html>
    <head>
        <meta charset="UTF-8">
        <title>有序列表</title>
    </head>
    <body>
        <h1>数字列表：</h1>
        <ol>
            <li>苹果</li>
            <li>香蕉</li>
            <li>柠檬</li>
            <li>橘子</li>
        </ol>
        <h1>字母列表：</h1>
        <ol type="A"> <!--或者使用小写字母 a-->
            <li>苹果</li>
            <li>香蕉</li>
            <li>柠檬</li>
            <li>橘子</li>
        </ol>
        <h1>罗马数字列表：</h1>
        <ol type="I"> <!--或者使用小写字母 i-->
            <li>苹果</li>
            <li>香蕉</li>
```

```
            <li>柠檬</li>
            <li>桔子</li>
        </ol>
    </body>
</html>
```

在浏览器中的效果如图 3.4 所示。

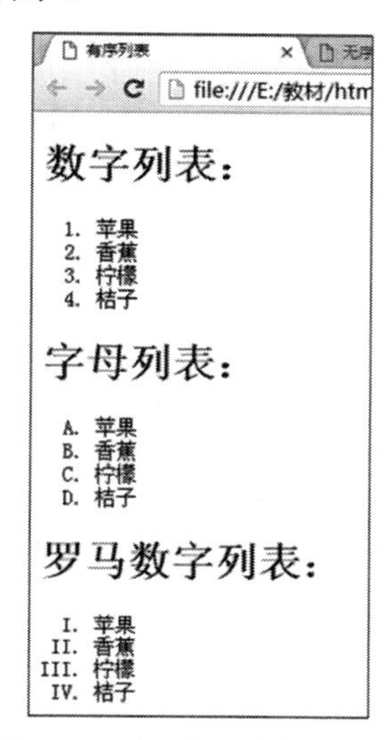

图 3.4　不同类型的有序列表

3.1.5　建立嵌套列表

嵌套列表是网页中常用的元素，使用<ul>标签可以制作网页中的嵌套列表。代码如示例 3.7 所示。

示例 3.7：

```
<!DOCTYPE html><html>
    <head>
        <meta charset="UTF-8">
        <title>嵌套列表</title>
    </head>
    <body>
        <h3>一个嵌套列表</h3>
        <ul>
            <li>咖啡</li>
            <li>绿茶
                <ul>
                    <li>中国茶</li>
                    <li>非洲茶</li>
                </ul>
            </li>
            <li>牛奶</li>
        </ul>
```

```
    </body>
</html>
```

Note

在浏览器中的显示效果如图 3.5 所示。

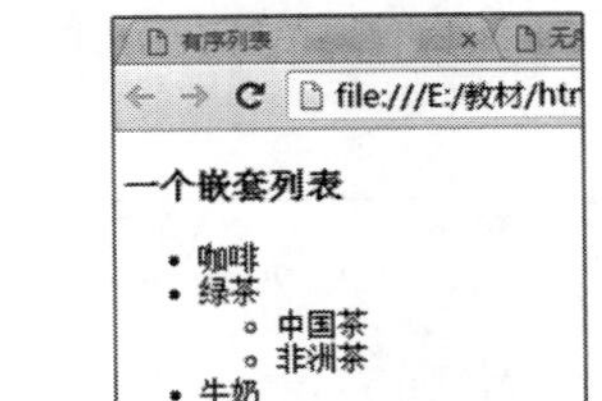

图 3.5　列表的嵌套

3.1.6　自定义列表

在 HTML 中，还可以定义自定义列表，通常表示名词或者是概念的定义。每一个子项由两个部分组成，第一部分是名词或者概念，第二部分是相应的解释和描述。自定义列表的标签是<dl>。代码如示例 3.8 所示。

示例 3.8：

```
<!DOCTYPE html>
<html>
    <head>
        <meta charset="UTF-8">
        <title>自定义列表</title>
    </head>
    <body>
        <h4>一个自定义列表：</h4>
        <dl>
            <dt>电脑</dt>
            <dd>是一种能够按照程序运行的电子设备.....</dd>
            <dt>显示器</dt>
            <dd>以视觉方式显示信息的装置.....</dd>
        </dl>
    </body>
</html>
```

在浏览器中的显示效果如图 3.6 所示。

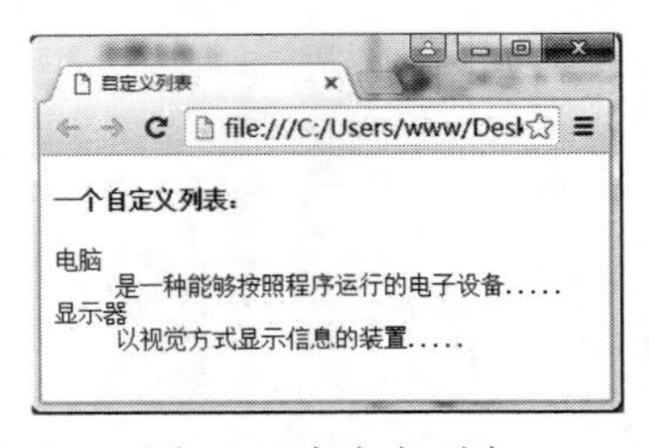

图 3.6　自定义列表

最后总结一下列表常用的一些技巧，包括列表常用场合及列表使用中的注意事项。

☑ 无序列表中的每项都是平级的，没有级别之分，并且列表中的内容一般都是相对简单的标题性质的网页内容，而有序列表则会依据列表项的顺序进行显示。

☑ 在实际网页应用中，无序列表<ul>-<li>比有序列表<ol>-<li>的应用更加广泛，有序列表<ol>-<li>一般用于显示带有顺序编号的特定场合。

☑ 自定义列表<dl>-<dt>-<dd>一般适用于带有标题和标题解释性内容或者图片和文本内容混合排列的场合。

3.2 表 格

HTML 中表格不但可以清晰地显示数据，而且可以用于页面布局。HTML 的表格类似于 Word 软件中的表格，尤其是使用网页制作工具时，操作方法很相似。

在 HTML 文档中，表格主要用于显示数据，虽然可以使用表格布局，但是不建议使用，因为代码会过于冗长，弊大于利。表格一般由行、列和单元格组成，如图 3.7 所示。

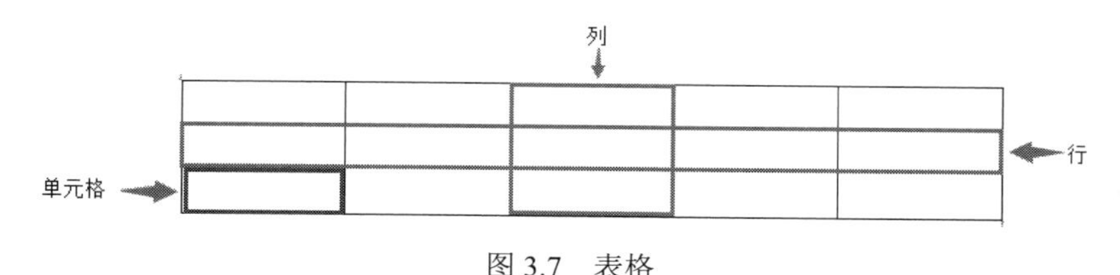

图 3.7 表格

3.2.1 表格的基本语法

创建表格的基本语法如示例 3.9 所示。

示例 3.9：

```
<!DOCTYPE html>
<html>
    <head>
        <meta charset="UTF-8">
        <title>无标题文档</title>
    </head>
    <body>
        <table>
            <tr>
                <td>第 1 个单元格的内容</td>
                <td>第 2 个单元格的内容</td>
            </tr>
            <tr>
                <td>第 1 个单元格的内容</td>
                <td>第 2 个单元格的内容</td>
            </tr>
        </table>
    </body>
```

```
</html>
```

在浏览器中的效果如图 3.8 所示。

Note

第1个单元格的内容 第2个单元格的内容
第1个单元格的内容 第2个单元格的内容

图 3.8　表格的基本结构

在 HTML 中，用于标记表格的标记符如下。

<table>标签用于标识一个表格对象的开始，</table>标签标识一个表格对象的结束。一个表格中，只允许出现一对<table></table>标签。

<tr>标签用于标识表格一行的开始，</tr>标签用于标识表格一行的结束。有多少对<tr></tr>标签，就表示该表格有多少行。

<td>标签用于标识表格某行中一个单元格的开始，</td>标签用于标识表格某行中的一个单元格结束。<td></td>标签书写在<tr></tr>标签内，一对<tr></tr>标签内有多少对<td></td>标签，就表示该行有多少个单元格。

为了显示表格的轮廓，一般还需要设置<table>标签的“border”边框属性，指定边框的宽度。例如，在页面中添加一个 2 行 3 列的表格，对应的 HTML 代码如示例 3.10 所示。

示例 3.10：

```
<!DOCTYPE html>
<html>
    <head>
        <meta charset="UTF-8">
        <title>无标题文档</title>
    </head>
    <body>
        <table border="1">
            <tr>
                <td>1 行 1 列的单元格</td>
                <td>1 行 2 列的单元格</td>
                <td>1 行 3 列的单元格</td>
            </tr>
            <tr>
                <td>2 行 1 列的单元格</td>
                <td>2 行 2 列的单元格</td>
                <td>2 行 3 列的单元格</td>
            </tr>
        </table>
    </body>
</html>
```

在浏览器中的效果如图 3.9 所示。

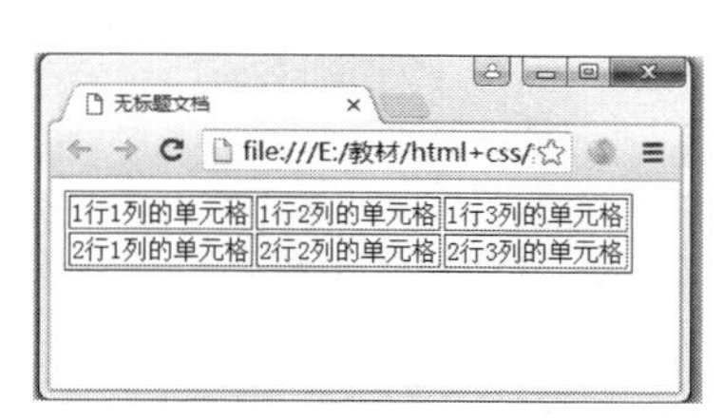

图 3.9　表格的边框属性

3.2.2　表格的对齐方式

表格的对齐方式用来控制表格在网页中的显示位置，常见的对齐方式有默认对齐、左对齐、居中对齐和右对齐，当省略该属性时，则系统自动采用默认对齐方式。

1. 默认对齐

表格一经创建，便显示为默认对齐，默认对齐状态下表格以视觉尺寸显示在左侧，如果旁边有内容，这些内容会显示在表格的下方，不会在表格的两侧进行排列。

2. 居中对齐

有时候，希望表格显示在页面的中间位置，这样会使页面显得对称，浏览效果好，这时候就需要对表格设置居中对齐。

3. 左对齐、右对齐

如果对表格设置左对齐或者右对齐，表格会显示在页面的左侧或者右侧，其他内容会自动排列在表格旁边的空白位置。

3.2.3　表格的跨行与跨列

在上面介绍了简单表格的创建，而现实中往往需要较复杂的表格，有时就需要把多个单元格合并为一个单元格，也就是要用到<td>标签中的 colspan 与 rowspan 属性，即表格的跨列跨行功能。

1. 表格的跨列

跨列是指单元格的横向合并，语法如下：

```
colspan="所跨列数"
```

col 为 column（列）的缩写，span 为跨度，所以 colspan 的意思为跨列。

下面通过示例 3.11 来说明 colspan 属性的用法。

示例 3.11：

```
<!DOCTYPE html>
<html>
    <head>
        <meta charset="UTF-8">
        <title>跨多列的表格</title>
    </head>
```

```
    <body>
        <table border="1" width="200">
            <tr>
                <td colspan="2">学生成绩单</td>
            </tr>
            <tr>
                <td>语文</td>
                <td>96</td>
            </tr>
            <tr>
                <td>数学</td>
                <td>98</td>
            </tr>
            <tr>
                <td>英语</td>
                <td>68</td>
            </tr>
        </table>
    </body>
</html>
```

在浏览器中的效果如图 3.10 所示。

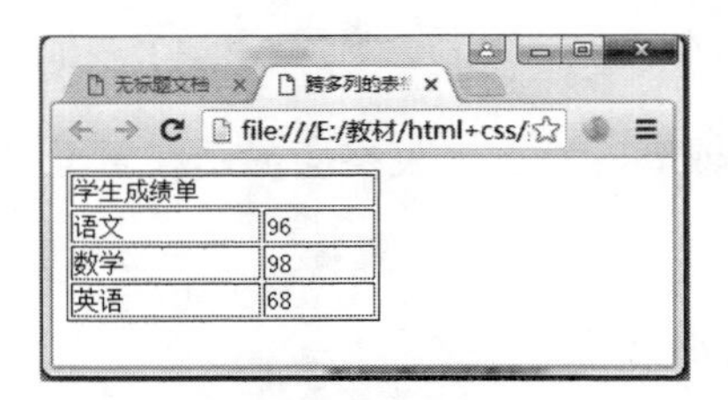

图 3.10　表格的跨列

2. 表格的跨行

跨行是指单元格在垂直方向上合并，语法如下：

```
<table> <tr>
        <td rowspan="所跨的行数">单元格内容</td>
    </tr>
</table>
```

row 为行的意思，rowspan 即跨行。

下面通过示例 3.12 来说明 rowspan 属性的用法。

示例 3.12：

```
<!DOCTYPE html>
<html>
    <head>
        <meta charset="UTF-8">
        <title>无标题文档</title>
    </head>
```

```
    <body>
        <table width="500" border="1">
            <tr>
                <td rowspan="3">王朝</td>
                <td>性别</td>
                <td>男</td>
            </tr>
            <tr>
                <td>地址</td>
                <td>北京朝阳区</td>
            </tr>
            <tr>
                <td>身高</td>
                <td>180</td>
            </tr>
            <tr>
                <td rowspan="3">马文</td>
                <td>性别</td>
                <td>男</td>
            </tr>
            <tr>                <td>地址</td>
                <td>北京海淀区</td>
            </tr>
            <tr>
                <td>身高</td>
                <td>175</td>
            </tr>
        </table>
    </body>
</html>
```

在浏览器中的效果如图 3.11 所示。

一般而言，跨行或跨列操作时，需要以下两个步骤。

（1）在需要合并的第一个单元格，设置跨列或跨行属性，如 colspan="3"。

（2）删除被合并的其他单元格，即把某个单元格看成多个单元格合并后的单元格。

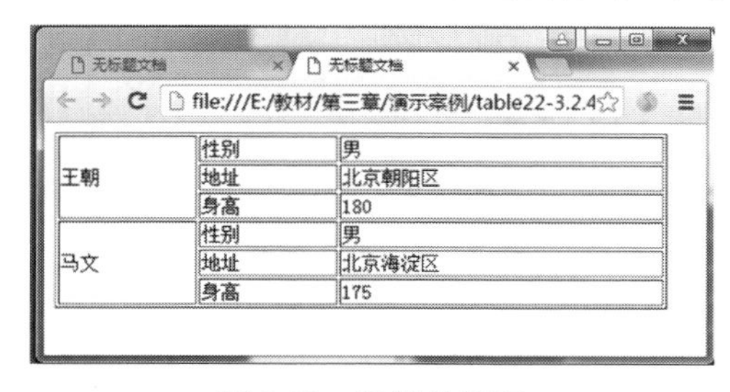

图 3.11　表格的跨行

3. 定义表格的表头

表格中也有存在表头的，常见的表头分为垂直和水平两种。示例 3.13 中分别给出了带

有垂直和水平表头的表格，代码如下。

示例 3.13：

```
<!DOCTYPE html>
<html>
    <head>
        <meta charset="UTF-8">
        <title>无标题文档</title>
    </head>
    <body>
        <h4>水平的表头</h4>
        <table border="1"> <tr>
                <td>姓名</td>
                <td>性别</td>
                <td>电话</td>
        </tr>
            <tr>
                <td>王文</td>
                <td>男</td>
                <td>18012345678</td>
            </tr>
        </table>
        <h4>垂直的表头</h4>
        <table border="1">
            <tr>
                <td>姓名</td>
                <td>王文</td>
            </tr>
            <tr>
                <td>性别</td>
                <td>男</td>
            </tr>
            <tr>
                <td>电话</td>
                <td>18012345678</td>
            </tr>
        </table>
    </body>
</html>
```

在浏览器中的效果如图 3.12 所示。

图 3.12　定义表格的表头

4. 设置单元格的行高与列宽

使用 cellpadding 属性来创建单元格内容与其边框之间的空白，从而调整表格的行高与列宽代码。如示例 3.14 所示。

示例 3.14：

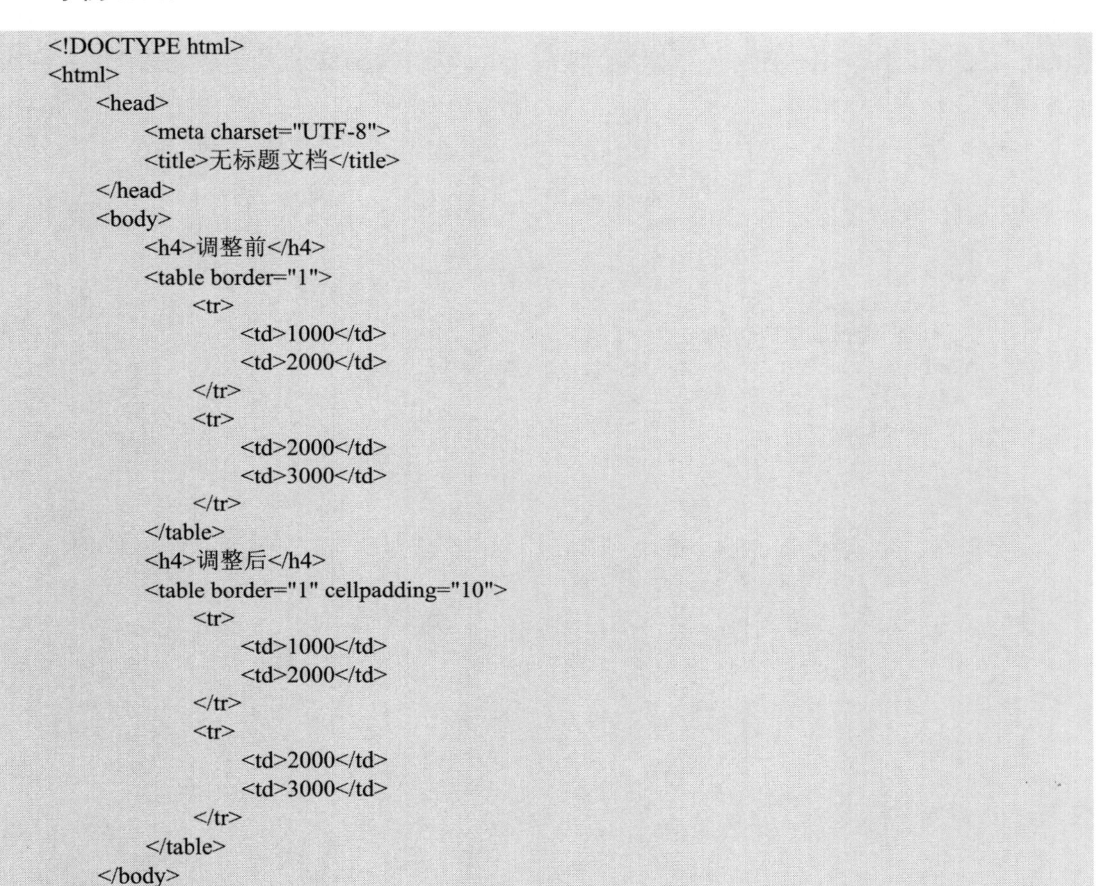

```
<!DOCTYPE html>
<html>
    <head>
        <meta charset="UTF-8">
        <title>无标题文档</title>
    </head>
    <body>
        <h4>调整前</h4>
        <table border="1">
            <tr>
                <td>1000</td>
                <td>2000</td>
            </tr>
            <tr>
                <td>2000</td>
                <td>3000</td>
            </tr>
        </table>
        <h4>调整后</h4>
        <table border="1" cellpadding="10">
            <tr>
                <td>1000</td>
                <td>2000</td>
            </tr>
            <tr>
                <td>2000</td>
                <td>3000</td>
            </tr>
        </table>
    </body>
</html>
```

在浏览器中的效果如图 3.13 所示。

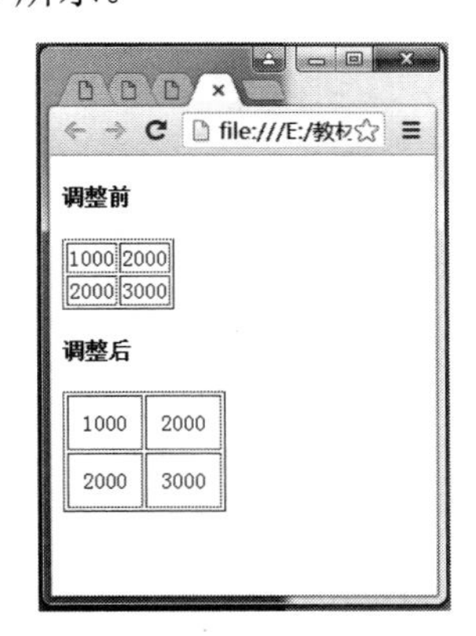

图 3.13　表格的行高与列宽

5. 完整的表格标签

上面讲述了表格中最常用（也是最基本）的 3 个标签<table>、<tr>和<td>，使用它们可以构建出最简单的表格。为了让表格结构更清楚，表格中还会出现表头、主体和脚注等。

按照表格结构，可以把表格的行分组，称为“行组”。不同的行组具有不同的意义。行组分为 3 类——表头、主体和脚注。三者相应的 HTML 标签依次为<thead>、<tbody>和<tfoot>，此外，在表格中还有一个标签，即<caption>标签表示表格的标题。完整的表格代码如示例 3.15 所示。

示例 3.15：

```
<!DOCTYPE html>
<html>
    <head>
        <meta charset="UTF-8">
        <title>无标题文档</title>
    </head>
    <body>
        <table border="1">
            <caption>学生成绩单</caption>
            <thead>
                <tr>
                    <th>姓名</th>
                    <th>性别</th>
                    <th>成绩</th>
                </tr>
            </thead>
            <tbody>
                <tr>
                    <td>张三</td>
                    <td>男</td>
                    <td>520</td>
                </tr>
                <tr>
                    <td>李四</td>
                    <td>男</td>
                    <td>560</td>
                </tr>
            </tbody>
            <tfoot>
                <tr>
                    <td>平均分</td>
                    <td colspan="2">540</td>
                </tr>
            </tfoot>
        </table>
    </body>
</html>
```

在浏览器中的效果如图 3.14 所示。

姓名	性别	成绩
张三	男	520
李四	男	560
平均分	540	

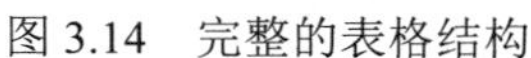

图 3.14 完整的表格结构

3.3 框 架

框架就是把网页界面分成几个窗体框，每个窗体框都可以单独显示不同的 HTML 网页，每份 HTML 页面称为一个框架。框架是 HTML 早期的应用技术，但目前还有部分网站在使用，通常大多数网站后台或者是内网系统的布局都采用框架结构。如图 3.15 所示，粗线标识的部分就代表一个“框架”，每个框架对应一个页面。使用框架技术具有以下好处。

图 3.15 框架型页面

Note

☑ 在同一个浏览器窗口显示多个页面。使用框架能有机地把多个页面组合在一起，但各个页面间相互独立。

☑ 可以实现页面复用。例如，为了保证网站的统一风格，网站每个页面的底部和顶部一般都相同。因此，可以利用框架技术，将网站的顶部或底部单独作为一个页面，方便其他页面复用。

☑ 实现典型的“目录结构”，即左侧目录、右侧内容，当用户单击左侧窗口的目录时，在右侧窗口中显示具体内容，如网上在线学习教程、论坛、后台管理、产品介绍等网页都是这样的页面结构。当然，这种结构除能用框架技术实现外，也可采用其他技术实现。

常用的框架技术有以下两种。

☑ 框架（<frameset>）：这是早期的框架技术，页面各窗口全部用<frame>实现，形成一个框架。这种结构非常清晰，适用于整个页面都用框架实现的场合。

☑ 内联框架（<iframe>）：页面中的部分内容用框架实现，一般用于在页面中引用站外的页面内容，使用比较方便、灵活。

考虑到框架的结构清晰，先用它来讲解框架的基本结构。

3.3.1 <frameset>框架

框架包含<frameset>和<frame>两个标签，其中<frameset>标签描述窗口的分割，<frame>标签定义放置在每个框架中的HTML页面。基本语法如下：

```
<frameset cols="25%,50%,*"   rows ="50%,*" border="5">
    <frame src="the_first.html "/>
    <frame src="the_second.html "/>
    …
</frameset>
```

其中，<frameset>标签的cols属性表示将页面横向分割为几列。例如，cols="25%,50%,*"表示将页面分割为3列，第一列占浏览器窗口总宽度的25%，第二列占50%，第三列占剩余部分。各列的宽度值也可使用具体数值（单位为px）。同理，rows属性表示将页面纵向分割为几行。另外，<frame>标签的src属性类似于<img>标签的src属性，表示页面的路径。下面逐一讲解框架的纵向、横向及横、纵向同时分割的实现方法。

1. 纵向分割窗口

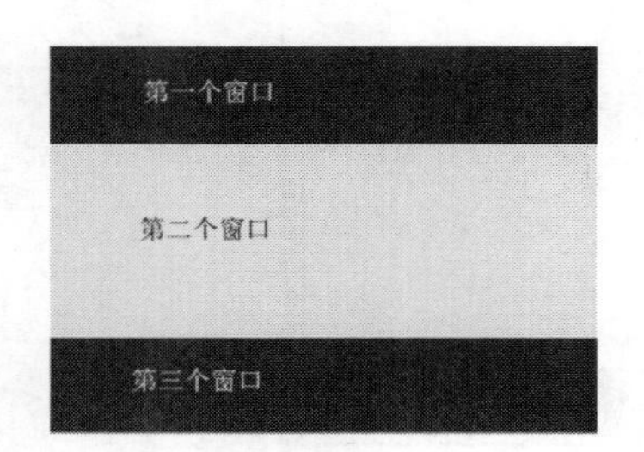

图3.16 纵向分割为上、中、下3个窗口

如图3.16所示是纵向分割页面的效果。

如图3.16所示页面窗口的划分情况：页面纵向被分割为3个窗口，即3行，显然应使用<frameset>标签的rows属性。

各框架对应的页面情况：使用<frame>标签的src属性引用各框架对应的页面文件，同时还可以使用name属性标识各框架窗口。

需要注意的是，<frameset>标签和<body>标签不能同时使用，所以需要使用<frameset>标签代替页面中的<body>标签。代码如示例 3.16（a）所示。

示例 3.16（a）[index1.html]:

```
<html>
    <head>
        <title>纵向分割为 3 个窗口</title>
    </head>
    <frameset   bordercolor="red"   rows="25%,50%,*"   border="5">
        <frame src="subframe/the_first.html" name="top" />
        <frame src="subframe/the_second.html" name="middle" />
        <frame src="subframe/the_third.html" name="bottom" />
    </frameset>
</html>
```

其中，为了突出显示各框架，加了宽度为 5 的红色边框。另外，由于框架网页包含多个页面，为了分清框架结构页及各框架窗口对应的子页面，特意将各子页面单独放到文件夹 subframe 中。

2. 横向分割窗口

横向分割窗口的思路与纵向分割窗口很类似，例如，要实现如图 3.17 所示的横向分割的页面效果，只需要设置<frameset>标签的 cols 属性即可。代码如示例 3.16（b）所示。

示例 3.16（b）[index2.html]:

```
<html>
    <head>
        <title>横向分割 3 个窗口</title>
    </head>
    <frameset cols="200,*,200" border="5" bordercolor="#FF0000">
        <frame name="leftFrame" src="subframe/the_first.html" />
        <frame name="mainFrame" src="subframe/the_second.html" />
        <frame name="rightFrame" src="subframe/the_third.html" />
    </frameset>
</html>
```

在浏览器中的效果如图 3.17 所示。

3. 横向和纵向同时分割窗口

如图 3.18 所示是最常见的横向、纵向同时分割的页面框架。

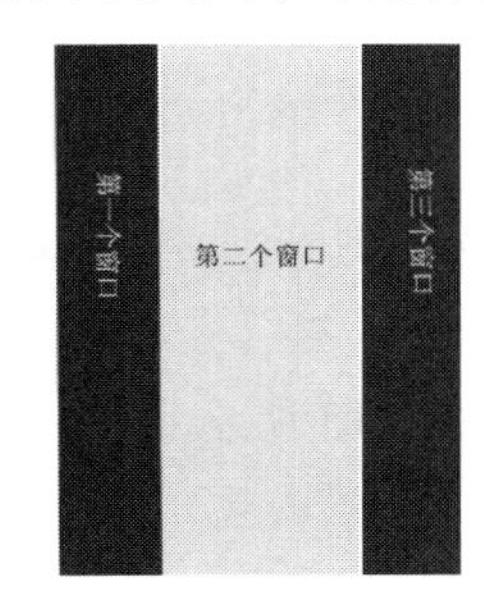

图 3.17　横向分割为左、中、右 3 个窗口

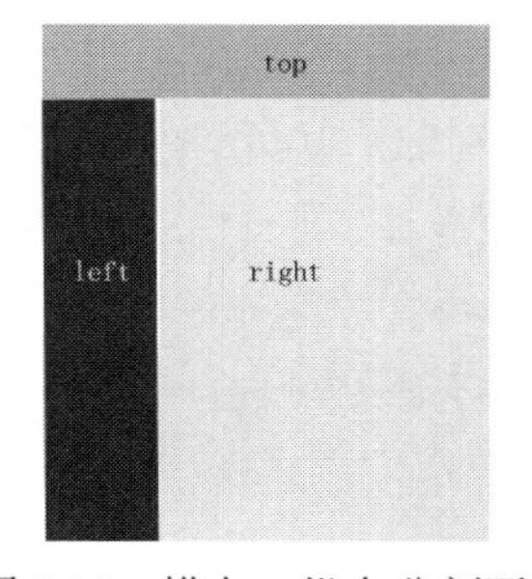

图 3.18　横向、纵向分割页面

对整个页面结构的分析如下。

（1）整个页面纵向分割为上、下两部分，高度分别为窗口的 20%和 80%，对应的关键代码如下：

```
<frameset rows="20%,*" >
    <frame src="Top 窗口对应文件"/>
    <frame src="下部分窗口对应文件"/>
</frameset>
```

（2）下部分再次横向分割为左、右两部分，宽度分别为窗口的 20%和 80%。即需要把上述第二个<frame>改为<frameset>实现，对应的关键代码如下：

```
<frameset rows="20%,*" >
    <frame src="Top 窗口对应文件"/>
    <frameset cols="20%,*">
        <frame src="Left 窗口对应文件"/>
        <frame src="Right 窗口对应文件"/>
    </frameset>
</frameset>
```

示例 3.17 给出了最终的实现代码。

示例 3.17：

```
<html>
    <head>
        <title>创建多框架页面</title>
    </head>
    <frameset rows="20%,*" frameborder="0">
        <frame src="subframe/top.html" name="topframe" scrolling="no" noresize="noresize" />
        <frameset cols="20%,*">
            <frame src="subframe/left.html"   name="leftframe"scrolling="no" noresize="noresize" />
            <frame src="subframe/right.html" name="rightframe" />
        </frameset>
    </frameset>
</html>
```

3.3.2 <iframe>内联框架

前面学习的<frameset>框架适用于整个页面都用框架实现的场合。本小节将学习<iframe>内联框架，它适用于将部分框架内嵌入页面的场合，一般用于引用其他网站的页面。例如，在自己制作的网页中引用搜狐网页的新闻页面等。

<iframe>的用法和<frame>比较类似，语法如下：

```
<iframe src="引用页面地址" name="框架标识名" frameborder="边框" scrolling="是否出现滚动条"……></iframe>
```

用<iframe>展示一个一行两列的页面的代码，如示例 3.18 所示。

示例 3.18：

```
<html>
```

```
        <head>
            <title>iframe 简单使用</title>
        </head>
        <body>
            <iframe src="subframe/the_one.html" width="290px" height="136px" frameborder="1" scrolling= "no" />
            <iframe src="subframe/the_second.html" width="400px"height="236px" scrolling="no"></iframe>
        </body>
    </html>
```

在浏览器中的效果如图 3.19 所示。

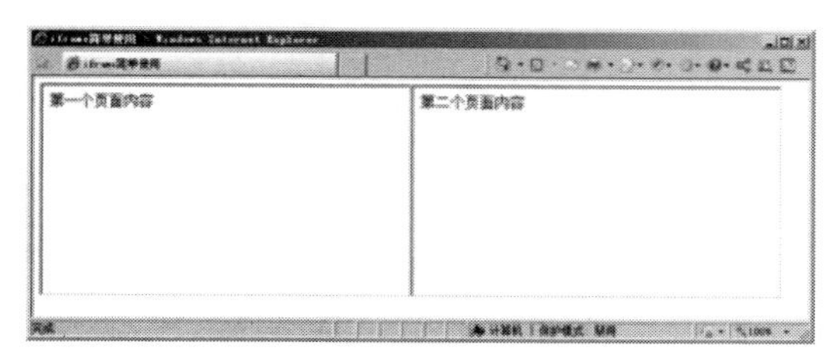

图 3.19 iframe 的简单使用

3.4 技能训练

1. 制作树形菜单

模拟"我的电脑"中的磁盘文件管理，显示磁盘与文件之间的关系，完成效果如图 3.20 所示。

2. 制作凡客商品介绍模块

使用自定义列表制作凡客商品介绍模块，完成效果如图 3.21 所示。

图 3.20 "我的电脑"列表

图 3.21 凡客商品介绍

3. 制作学生成绩表

需求说明：建立一个表格，实现如图 3.22 所示的效果。

Note

学生成绩表

姓名	语文成绩
王峰	85
李四	78
张伟	89
苏东	89

图 3.22　学生成绩表

本 章 总 结

☑　列表的分类：无序列表、有序列表和自定义列表。

☑　列表的语法结构和应用，主要应用于新闻、导航部分。

☑　表格的应用。

☑　<frameset>框架和<iframe>内联框架。

表单

本章简介

表单是可以把浏览者输入的数据传送到服务器端的HTML标签元素,服务器端程序可以处理表单传过来的数据,从而完成与用户的各种交互动作。表单是实现用户与网页之间数据交互的必要标签,通过在网页中添加表单可以实现诸如会员注册、用户登录、提交资料等交互功能(如BBS、会员注册登录系统、电商购物系统等)。本章将主要讲解如何在网页中制作表单,并使用表单元素创建表单。为了能够提供对当前互联网搜索引擎的支持,还讲解了如何制作符合语义化规范要求的表单。

本章工作任务

- 制作语义化的表单

本章技能目标

- 会使用表单元素布局表单
- 会制作语义化的表单

背诵英文单词

请在预习时找出下列单词在本章中的用法,了解它们的含义和发音,并填写于横线处。

form______________________

option______________________

text______________________

button______________________

submite________________________

label__________________________

Note

预习并回答以下问题

1. 请说出语义化的概念。
2. 常见的表单元素有哪些？
3. 制作一个下拉列表需要使用哪些表单元素标签？

4.1 表单概述

表单是网页浏览者同互联网服务器互动的界面。使用表单可以收集用户信息，如果你有个人主页，也可以为它制作一份表单，用以收集浏览者的反馈信息。例如当我们申请一个电子邮箱时也是用表单将个人资料发送到服务器上。

网页上具有可输入表项及项目选择等控件所组成的栏目称为表单，其中包含多种对象，如文字输入框、单选按钮、复选按钮和提交按钮等。通俗地讲，表单就是一个将用户信息组织起来的容器。将需要用户填写的内容放置在表单容器中，当用户单击“提交”按钮的时候，表单会将数据统一发送给服务器。

表单的应用比较常见，典型的应用场景如下。

☑ 登录、注册：登录时填写用户名、密码，注册时填写姓名、电话等个人信息。

☑ 网上订单：在网上购买商品，一般要求填写姓名、联系方式、付款方式等信息。

☑ 调查问卷：回答对某些问题的看法，以便形成统计数据，方便分析。

☑ 网上搜索：输入关键字，搜索想要的可用信息。

为了方便用户操作，表单提供了多种表单元素，如图 4.1 所示的是英雄美人网页的用户注册页面，该页面就是由一个典型的表单构成。除了最常见的单行文本框之外，还有密码框、单选按钮、下拉列表框和提交按钮等表单元素。

图 4.1 表单结构

4.2　表单的内容

创建表单后，就可以在表单中放置控件以接受用户的输入。这些控件通常放在<form></form>标签之间一起使用，也可以在表单之外用来创建用户界面。常用的控件有让用户输入姓名的单行文本框、输入密码的密码框、选择性别的单选按钮，以及提交信息的提交按钮等。

不同的表单控件有不同的用途：如果要求输入的仅仅是一些文字信息，如“姓名”、“备注”和“留言”等，一般使用单行文本框或多行文本框；如果要求在指定的范围内做出选择，一般使用单选按钮、复选框和下拉列表框；如果要把填写好的表单信息提交给服务器，一般使用提交按钮，如图 4.1 中所示的“快速注册”按钮。

4.3　表单标签和基本的属性

在 HTML 中，使用<form>标签来实现表单的创建，该标签属于一个容器标签，其他表单标签需要在它的范围中才有效，<input>便是其中的一个，用以设定各种输入资料的方法。<form>标签有两个常用的属性，如表 4.1 所示。

表 4.1　<form>标签的属性

属　性	说　明
action	此属性指示服务器上处理表单输出的程序。一般来说，当用户单击表单上的“提交”按钮后，信息发送到 Web 服务器上，由 action 属性所指定的程序处理。语法为 action = "URL"。如果 action 属性的值为空，则默认表单提交到本页
method	此属性告诉浏览器如何将数据发送给服务器，它指定向服务器发送数据的方法（用 post 方法还是用 get 方法）。如果值为 get，浏览器将创建一个请求，该请求包含页面 URL、一个问号和表单的值。浏览器会将该请求返回给 URL 中指定的脚本，以进行处理。如果将值指定为 post，表单上的数据会作为一个数据块发送到脚本，而不使用请求字符串。语法为 method = "get | post"

4.4　添加单行文本输入框

文本框是一种让用户自己输入内容的表单对象，通常被用来填写单个字或者简短的回答，如用户姓名和地址等。语法如下：

```
<input type ="text" name="" size="" maxlength="" value=""/>
```

其中，type="text"定义单行文本输入框，name 属性定义文本框的名称，要保证数据的准确采集，必须定义一个独一无二的名称；size 属性定义文本框的宽度，单位是单个字符

Note

宽度，maxlength 属性定义最多输入的字符数，value 属性定义文本框的初始值。代码如示例 4.1 所示。

示例 4.1：

```
<!DOCTYPE html>
<html lang="en">
    <head>
        <meta charset="UTF-8">
        <title>输入用户的姓名</title>
    </head>
    <body>
        <form>
            请输入您的姓名：
            <input type="text" name="yourname" size="20" maxlength="15"/>
            请输入您的地址：
            <input type="text" name="youradr" size="20" maxlength="15"/>
        </form>
    </body>
</html>
```

在浏览器中的效果如图 4.2 所示。

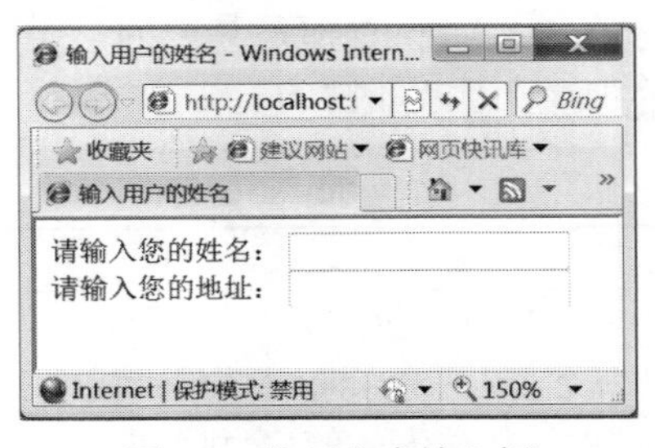

图 4.2　单行文本输入框

4.5　添加多行文本输入框

多行文本输入框（textarea）主要用于输入较长的文本信息。语法如下：

```
<textarea name="" cols="" rows="" wrap=""></textarea>
```

其中，name 属性定义多行文本框的名称，要保证数据的准确采集，必须定义一个独一无二的名称；cols 属性定义多行文本框的宽度，单位是单个字符宽度；rows 属性定义多行文本框的高度；单位是单个字符高度；wrap 属性定义输入内容大于文本区域时的显示方式。示例 4.2 展现了如何添加多行文本输入框。

示例 4.2：

```
<!DOCTYPE html>
<html lang="en">
```

```
    <head>
        <meta charset="UTF-8">
        <title>多行文本</title>
    </head>
    <body>
        <form>
            请输入您的最新工作情况><br />
            <textarea name="yourworks" cols="50" rows="5"></textarea>
            <br />
            <input type="submit" value="提交"/>
        </form>
    </body>
</html>
```

在浏览器中的效果如图 4.3 所示。

图 4.3　多行文本输入框

4.6　添加密码输入框

密码输入框是一种特殊的文本域，主要用于输入一些保密信息。当网页浏览者输入文本时，框中显示的是黑点或者其他符号，这样就增加了输入文本的安全性。语法如下：

```
<input type="password" name="" size="" maxlength=""/>
```

其中，type="password"定义密码框；name 属性定义密码框的名称，要保证唯一性；size 属性定义密码框的宽度，单位是单个字符宽度；maxlength 属性定义最多输入的字符数。代码如示例 4.3 所示。

示例 4.3：

```
<!DOCTYPE html>
<html lang="en">
    <head>
        <meta charset="UTF-8">
        <title>Title</title>
    </head>
    <body>
        <form>
```

Note

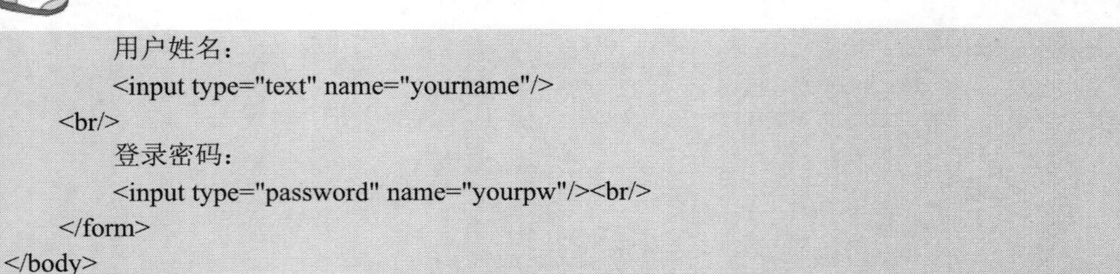

```
            用户姓名：
            <input type="text" name="yourname"/>
        <br/>
            登录密码：
            <input type="password" name="yourpw"/><br/>
        </form>
    </body>
</html>
```

在浏览器中的效果如图 4.4 所示。

图 4.4　密码输入框

4.7　添加单选按钮

单选按钮主要是让用户在一组选择项里只能选择一个。语法如下：

```
<input type="radio" name="" value=""/>
```

其中，type="radio"定义单选按钮；name 属性定义单选按钮的名称，单选按钮都是以组为单位使用的，在同一组中的单选项都必须用同一个名称；value 属性定义单选按钮的值，在同一组中，它们的域值必须是不同的。代码如示例 4.4 所示。

示例 4.4：

```
<!DOCTYPE html>
<html lang="en">
    <head>
        <meta charset="UTF-8">
        <title>Title</title>
    </head>
    <body>
        <form>
            请选择您感兴趣的图书类型：
            <br/>
            <input type="radio" name="book" value="Book1"/>网站编程<br/>
            <input type="radio" name="book" value="Book2"/>办公软件<br/>
            <input type="radio" name="book" value="Book3"/>设计软件<br/>
            <input type="radio" name="book" value="Book4"/>网络管理<br/>
            <input type="radio" name="book" value="Book5"/>黑客攻防<br/>
        </form>
```

```
    </body>
</html>
```

在浏览器中的效果如图 4.5 所示。

图 4.5 单选按钮

4.8 添加复选框

复选框主要是让用户在一组选项里可以同时选择多个选项。每个复选框都是一个独立的元素，都必须有一个唯一的名称。语法如下：

```
<input type="checkbox" name="" value=""/>
```

其中，type="checkbox"定义复选框；name 属性定义复选框的名称，在同一组复选框中都必须用同一个名称；value 属性定义复选框的值。代码如示例 4.5 所示。

示例 4.5：

```
<!DOCTYPE html>
<html>
    <head>
        <meta charset="UTF-8">
        <title>无标题文档</title>
    </head>
    <body>
        <form>
            请选择您感兴趣的图书类型；<br />
            <input type="checkbox" name="book" value="Book1"/>网站编辑<br />
            <input type="checkbox" name="book" value="Book2"/>办公软件<br />
            <input type="checkbox" name="book" value="Book3"/>设计软件<br />
            <input type="checkbox" name="book" value="Book4"/>网络管理<br />
            <input type="checkbox" name="book" value="Book5" checked/>黑客攻防<br />
        </form>
    </body>
</html>
```

在浏览器中的效果如图 4.6 所示。

Note

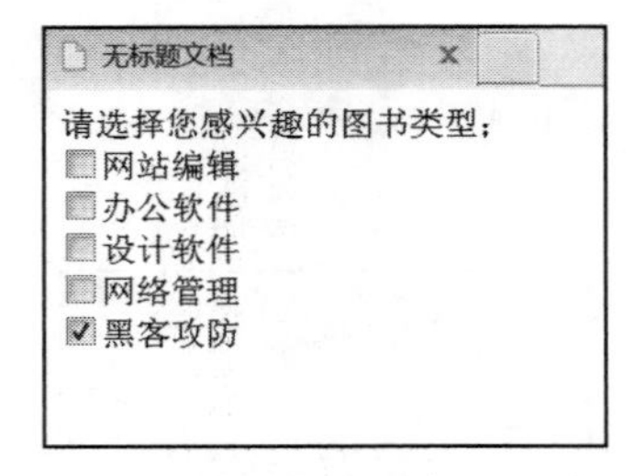

图 4.6　复选框

4.9　添加下拉列表框

下拉列表框主要用于在有限的空间里设置多个选项，其选项既可以用作单选，也可以用作复选。语法如下：

```
<select name="" size="" multiple>
    <option value="" selected>xxxxxxxx</option>
</select>
```

其中，size 属性定义下拉列表框的行数；name 属性定义下拉列表框的名称；multiple 属性表示可以多选，如果不设置本属性，就只能单选；value 属性定义选择项的值；selected 属性表示默认已经选中本选项。代码如示例 4.6 所示。

示例 4.6：

```
<!DOCTYPE html>
<html lang="en">
    <head>
        <meta charset="UTF-8">
        <title>Title</title>
    </head>
    <body>
        <form>
            请选择您喜欢的图书类型：<br />
            <select name="fruit" size="3" multiple>
                <option value="Book1">网站编辑</option>
                <option value="Book2">办公软件</option>
                <option value="Book3">设计软件</option>
                <option value="Book4">网络管理</option>
                <option value="Book5">黑客攻防</option>
            </select>
        </form>
    </body>
</html>
```

在浏览器中的效果如图 4.7 所示。

图 4.7　下拉列表框

4.10　添加普通按钮

普通按钮用来处理用户的点击事件，语法如下：

```
<input type="button" name="" value="" onClick=""/>
```

其中，type="button" 定义普通按钮；name 属性定义普通按钮的名称；value 属性定义按钮的显示文字；onclick 属性表示单击行为，也可以是其他的事件，通过指定脚本函数来定义按钮的行为。代码如示例 4.7 所示。

示例 4.7：

```
<!DOCTYPE html>
<html lang="en">
    <head>
        <meta charset="UTF-8">
        <title>Title</title>
    </head>
    <body>
        <form>
            点击下面的按钮，把文本框 1 的内容拷贝到文本框 2 中：
            <br />
            文本框 1：<input type="text" id="field1" value="学习 HTML 技术"/>
            <br />
            文本框 2：<input type="text" id="field2"/>
            <br />
            <input type="button" name="" value="点击我" onclick="document. getElementById ("field2").
value=document.getElementById("field1").value"/>
        </form>
    </body>
</html>
```

在浏览器中的效果如图 4.8 所示。

Note

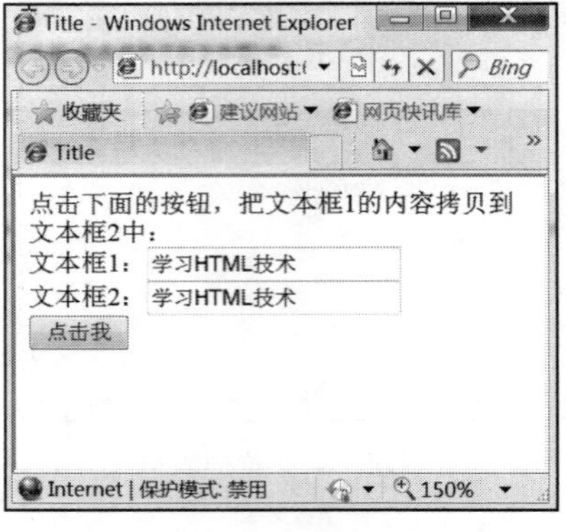

图 4.8　普通按钮

4.11　添加提交按钮

提交按钮用来将输入的信息提交到服务器。语法如下：

```
<input type="submit" name="" value=""/>
```

其中，type="submit" 定义提交按钮；name 属性定义提交按钮的名称；value 属性定义按钮的显示文字。表单的 method 属性定义文件提交的方式；通过提交按钮可以将表单里的信息提交给表单里 action 所指向的文件。代码如示例 4.8 所示。

示例 4.8：

```
<!DOCTYPE html>
<html lang="en">
    <head>
        <meta charset="UTF-8">
        <title>Title</title>
    </head>
    <body>
        <form action="http://www.yinhangit.com/yonghu.asp" method="post">
            请输入您的姓名：
            <input type="text" name="yourname"/>
            <br />
            请输入您的地址：
            <input type="text" name="youradr"/>
            <br />
            请输入您的单位：
            <input type="text" name="yourcom"/>
            <br />
            请输入您的联系方式：
            <input type="text" name="yourtel"/>
            <br />
            <input type="submit" value="提交"/>
        </form>
```

```
    </body>
</html>
```

在浏览器中的效果如图 4.9 所示。

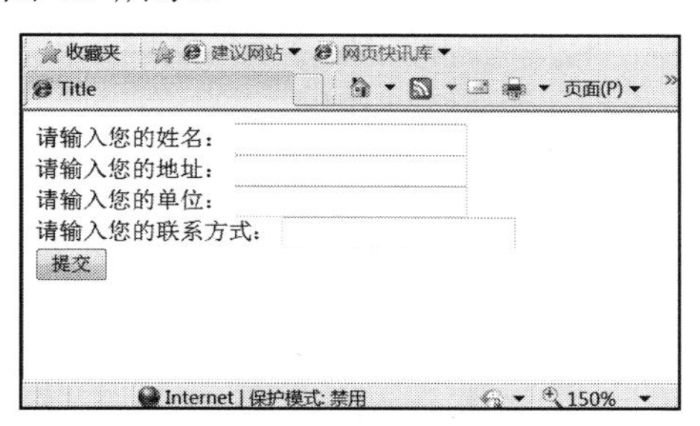

图 4.9　提交按钮

在示例 4.8 中，若把 method="post"改为 method="get"，就变成了使用 get 方法将表单提交给 yonghu.asp 页面处理。这两种方法都是将表单数据提交给服务器上指定的程序进行处理，那有什么区别呢？

先来看看采用 post 和 get 方法提交表单信息后浏览器地址栏的变化。

以 post 方法提交表单，在“姓名”和“地址”标签后，分别输入用户名 luck 和地址 beijing，单击“提交”按钮，页面效果如图 4.10 所示。

图 4.10　以 post 方法提交信息

注意地址栏中的 URL 信息没有发生变化，这就是以 post 方法提交表单的特点。

以 get 方法提交表单，在页面单击“提交”按钮，页面效果如图 4.11 所示。

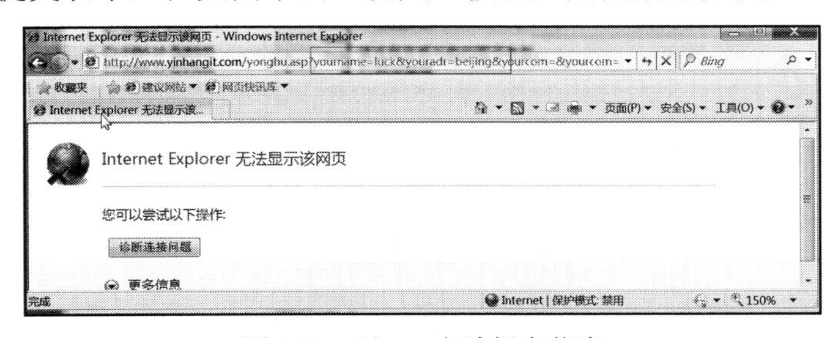

图 4.11　以 get 方法提交信息

采用 get 方法提交表单信息之后，在浏览器的地址栏中，URL 信息会发生变化。仔细观察不难发现，在 URL 信息中清晰地显示出表单提交的数据内容，即刚刚输入的用户名和地址都完全显示在地址栏中，清晰可见。

通过对比图 4.10 和图 4.11 的效果，可以发现两种提交方式之间的区别如下。

（1）使用 post 方法不会改变地址栏状态，表单数据不会被显示。

（2）使用 get 方法，地址栏状态会发生变化，表单数据会在 URL 信息中显示。

基于以上两点区别，post 方法提交的数据安全性要明显高于 get 方法提交的数据。在日常开发中，建议尽可能地采用 post 方法来提交表单数据。

4.12 添加重置按钮

重置按钮又叫复位按钮，用来重置表单中输入的信息，语法如下：

```
<input type="reset" name="" value=""/>
```

其中，type="reset" 定义重置按钮；name 属性定义重置按钮的名称；value 属性定义按钮的显示文字。代码如示例 4.9 所示。

示例 4.9：

```
<!DOCTYPE html>
<html lang="en">
    <head>
        <meta charset="UTF-8">
        <title>Title</title>
    </head>
    <body>
        <form>
            请输入用户名称：
            <input type="text"/>
            <br />
            请输入用户密码：
            <input type="password"/>
            <br />
            <input type="submit" value="登录"/>
            <input type="reset" value="重置"/>
        </form>
    </body>
</html>
```

在浏览器中的效果如图 4.12 所示。

图 4.12　重置按钮

4.13　添加文件域

Note

文件域的作用是用于实现文件的选择，在应用时只需把 type 属性设为 file 即可。在实际应用中，文件域通常应用于文件上传的操作，如选择需要上传的文本、图片等。语法如下：

```
<input type="file" name="files" />
```

其中，type="file" 定义文件按钮；name 属性定义文件按钮的名称。代码如示例 4.10 所示

示例 4.10：

```
<!DOCTYPE html>
<html lang="en">
    <head>
        <meta charset="UTF-8">
        <title>Title</title>
    </head>
    <body>
        <form action="" method="post" enctype="multipart/form-data">
            <p><input type="file" name="files" /><br/>
            <input type="submit" name="upload" value="上传" /></p>
        </form>
    </body>
</html>
```

在浏览器中的效果如图 4.13 所示。

图 4.13　文件域

如图 4.13 所示，文件域会创建一个不能输入内容的地址文本框和一个“浏览”按钮。单击“浏览”按钮，将会弹出“选择要加载的文件”对话框，选择文件后，其路径将显示在地址文本框中，执行的效果如图 4.14 所示。

在使用文件域时，需要特别注意的是，包含文件域的表单，由于提交的表单数据包括普通的表单数据、文件数据等多部分内容，所以必须设置表单的 enctype 编码属性为 multipart/form-data，表示将表单数据分为多部分提交。

图 4.14　文件域和上传操作

4.14　技能训练

1. 制作李元德国画网

需求说明：

（1）制作如图 4.15 所示的网站注册页面。

（2）注册邮箱、姓名最多能容纳的字符数分别是 50、8。

（3）提交按钮使用素材中提供的图片代替。

2. 制作网站注册页面

需求说明：

（1）制作如图 4.16 所示的网站注册页面。

（2）注册邮箱、密码、姓名和验证码最多能容纳的字符数分别是 50、16、8 和 5。

（3）默认情况下，性别中的“男”处于选中状态。

（4）提交按钮使用素材中提供的图片代替。

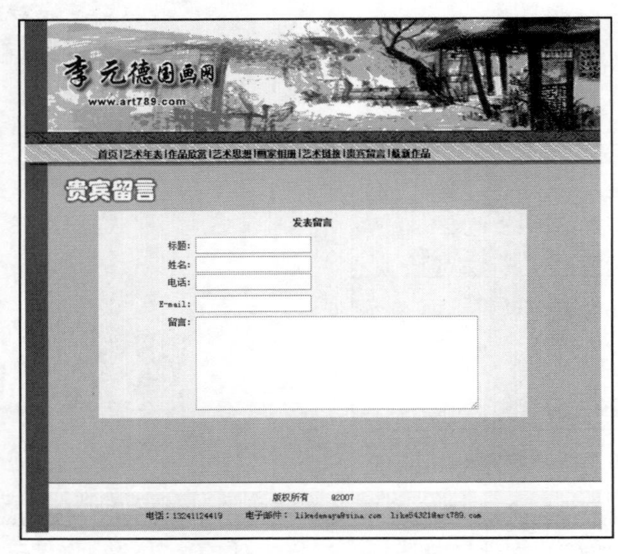

图 4.15　李元德国画网

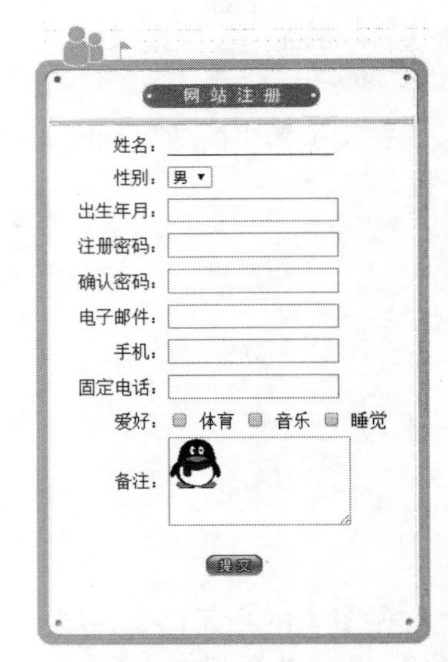

图 4.16　网站注册页面

本 章 总 结

☑ 表单的应用场景：登录、注册页面以及一些收集信息的页面。

☑ 表单的结构和包含的内容：文本输入框、密码框、单选按钮、复选框和提交按钮等。

☑ 表单元素的只读属性和禁用属性分别用 readonly 和 disabled 来表示，属性值和属性名相同。

☑ 语义化的结构使得页面更加合理，代码更加简洁，同时也符合 W3C 的 Web 开发标准。

初识 CSS

本章简介

无规则不成方圆，在制作网页时则要遵循 W3C 标准，而 W3C 标准的核心思想就是表现与内容分离，也就是 HTML 负责内容，CSS 负责外观样式表现。到目前为止，通过前面的内容学会了如何使用 HTML 标签组织内容结构，现在我们重点讲述表现样式的 CSS 部分。

本章将介绍 CSS 的基本概念、CSS 选择器、CSS 基本语法，以及如何在网页中应用 CSS 样式，实现表现与结构的分离，最后讲解 CSS 复合选择器和 CSS 的继承特性。本章的重点是掌握 CSS 基本语法、它的 3 种基本选择器，以及在 HTML 页面添加 CSS 的方式。

本章工作任务

- 制作总裁致辞页面
- 制作团队风采页面

本章技能目标

- 会使用 CSS 的 3 种基本选择器设置字体大小和颜色
- 会使用行内样式、内部样式表和外部样式表 3 种方式为 HTML 文档添加 CSS 样式
- 会使用复合选择器为特定的网页元素添加 CSS 样式
- 理解 CSS 继承特性，并掌握其在 CSS 样式中的应用

背诵英文单词

请在预习时找出下列单词在本章中的用法，了解它们的含义和发音，并填写于横线处。

CSS________________________

selector____________________

link________________________

font-size____________________

color_______________________

import______________________

Note

预习并回答以下问题

1. 什么是 CSS？
2. CSS 的基本语法结构是什么？
3. CSS 选择器有哪几种？语法规则是什么？
4. HTML 中引入 CSS 样式有哪几种方式？

5.1　使用 CSS 的意义

使用 CSS 可以轻松地控制页面的布局，使页面的字体变得更漂亮、更容易编排，真正赏心悦目。通过 CSS 可以将许多网页的风格同时更新，不用再一页一页的更新了。可以将站点上所有的网页风格都使用一个 CSS 文件进行控制，只要修改这个 CSS 文件中相应的样式，那么整个站点的所有页面都会随之发生变动。

如图 5.1 所示为人人网的注册页面，使用前面学习过的知识能实现这样的页面效果吗？当然不能，单纯使用 HTML 标签是不能实现的，如果要实现这样精美的网页就需要借助于 CSS。

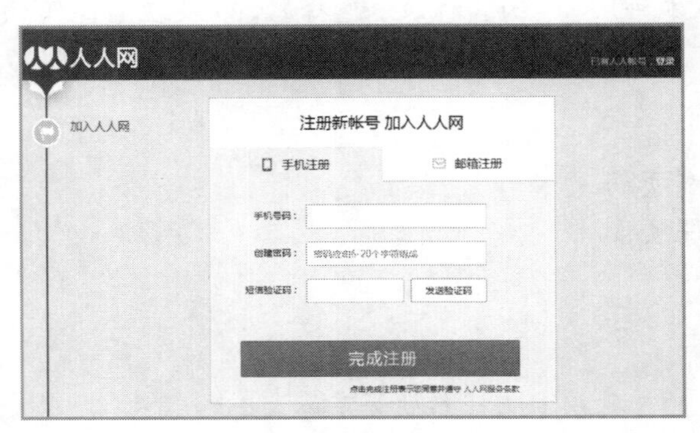

图 5.1　人人网注册页面

通过上面展示的页面，大家已经大致了解了 CSS 的作用了，那么再看如图 5.2 和图 5.3 两个页面，看看这两个页面有什么区别。

想必大家已经看出来了，图 5.3 非常杂乱，看不出来页面想要表达的内容；而图 5.2 的页面非常清晰、美观，能够一眼看出此页面的结构、内容模块，以及页面表达的内容。这就是页面使用了 CSS 和没有使用 CSS 的效果对比。

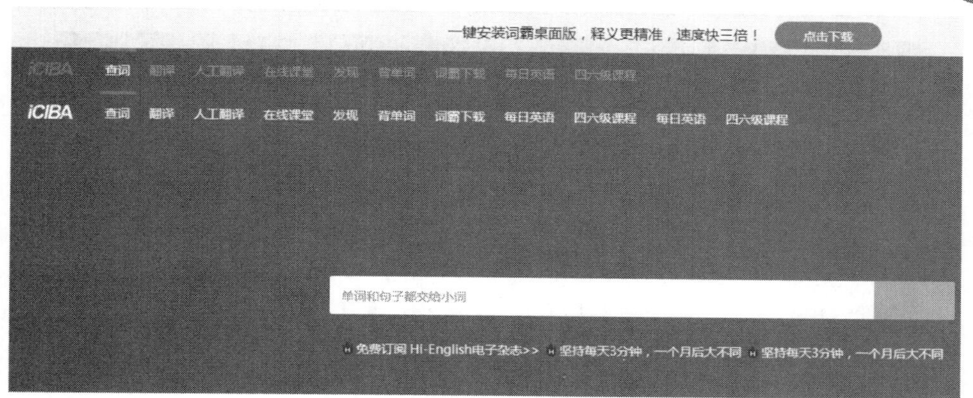

图 5.2　添加 CSS 样式的页面效果

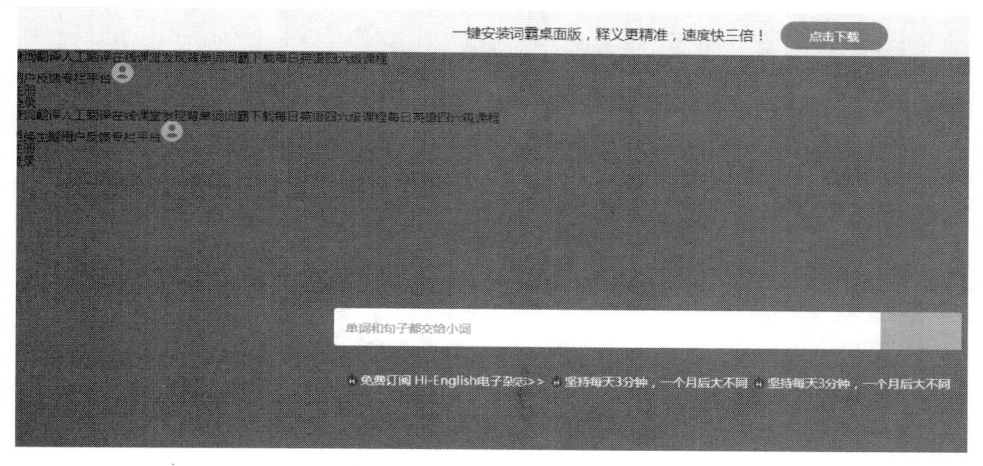

图 5.3　没有 CSS 样式的效果

到了这里，大家会问，既然 CSS 这么重要，那么什么是 CSS 呢？

5.1.1　什么是 CSS

CSS 全称为层叠样式表（Cascading Style Sheet），通常又称为风格样式表（Style Sheet），它是用来进行网页风格设计的。要想熟练地使用 CSS 对网页美化，也必须要了解 CSS 规则。例如，在上面的例子中，页面下面部分的图片和文本使用了 CSS 规则混排效果，非常漂亮，并且很清晰，这就是一种风格。下面我们就来了解 CSS 的规则。

5.1.2　CSS 在网页中的应用

既然 CSS 可以设计网页风格，那么在网页中，CSS 如何应用呢？通过建立样式表，可以统一控制 HTML 中每个标签的显示属性，如设置字体的颜色、大小、样式等，还可以设置文本居中显示、文本与图片的对齐方式、超链接的不同效果等，这样 CSS 就可以更有效地控制网页外观。

使用 CSS，还可以精确地定位网页元素的位置，美化网页外观，如图 5.4 和图 5.5 所示。

Note

图 5.4　淘宝网首页

图 5.5　唯品会-商品列表页

5.1.3　CSS 的优势

CSS 对网页制作这么重要，那么使用 CSS 制作网页还有什么好处呢？下面列举使用 CSS 的优势。

（1）丰富的样式，使得页面布局更加灵活。

（2）内容与表现分离，也就是说使用 HTML 语言制作网页，使用 CSS 设置网页样式、风格，并且 CSS 样式单独存放在一个文件中，这样 HTML 文件引用 CSS 文件就可以了。网页的内容（XHTML）与表现就可以分开了，便于后期的 CSS 样式的维护。

（3）表现的统一，可以使网页的表现非常统一，并且容易修改。把 CSS 写在单独的页面中，可以对多个网页应用其样式，使网站中的所有页面表现、风格统一；在需要修改页面的表现形式时，只需要修改 CSS 样式，所有的页面样式就同时修改。

（4）运用独立于页面的 CSS，还有利于网页被搜索引擎收录。

（5）减少网页的代码量，增加网页的浏览速度，节省网络带宽。在网页中只写 HTML 代码，在 CSS 中编写样式，这样可以减少页面代码量，并且页面代码清晰。同时，合理的 CSS 还能有效地节省网络带宽，提高用户体验。

（6）运用独立于页面的 CSS，还有利于网页被搜索引擎收录。

CSS 的使用优点不只局限于以上几点，更多的优势需要在网页制作过程中慢慢体会。下面开始学习本章的重点内容——CSS 的基本语法。

5.2 CSS 的基本语法

学习 CSS，首先要学习它的语法，以及如何把它与 HTML 联系起来，达到布局网页、美化页面的效果。下面就来学习 CSS 的语法结构和如何在页面中应用 CSS 样式。

5.2.1 CSS 语法

CSS 样式规则由两部分构成，即选择器和声明。声明必须放在大括号{ }中，并且声明可以是一条或多条；每条声明由一个属性和值组成，属性和值用冒号分开，每条语句以英文分号结尾。规则声明了要修改的元素和要应用给该元素的样式。语法如下：

```
选择器{属性 1:属性值 1 ;属性 2:属性值 2;属性 3:属性值 3;}
```

如图 5.6 所示，h1 表示选择器；“font-size:12px;”和“color:#F00;”表示两条声明，声明中 font-size 和 color 表示属性，12px 和#F00 则表示相对应的属性值。

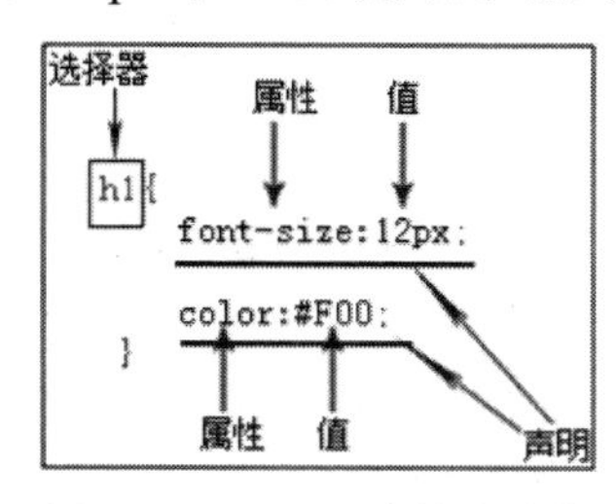

图 5.6　CSS 语法基本结构

这条规则声明了<h1>标签的字体大小为 12px，颜色为红色。

5.2.2 认识<style>标签

CSS 样式是通过<style>标签嵌入到页面中的。<style>标签会告诉浏览器<style>标签中的所有代码解释为 CSS 代码；标签结束时，再转换为 HTML 代码。学习了 CSS 基本语法

结构，学会了如何定义 CSS 样式，那么，如何将定义好的 CSS 应用到页面中去呢？

在 HTML 页面的<head>标签中填写<style>标签引入 CSS 样式，它规定浏览器中如何呈现 HTML 文档。在<style>标签中，type 属性是必需的，它用来定义 style 元素的内容，唯一值是 text/css，CSS 的链接方式如图 5.7 所示。

Note

```
01.html ×
html
1  <!DOCTYPE html>
2  <html lang="en">
3  <head>
4      <meta charset="UTF-8">
5      <title>style标签的应用</title>
6    <style type="text/css">
7        h2{
8            font-size: 12px;
9            color: #f00;
10       }
11   </style>
12 </head>
13 <body>
14
15 </body>
16 </html>
```

图 5.7　<style>标签的应用

掌握了如何在 HTML 中编辑 CSS 样式，那么如何把样式应用到 HTML 标签中呢？这就需要用到 CSS 中的选择器了。

5.2.3　CSS 选择器

CSS 主要的作用就是给网页中的 DOM 元素设置样式，选择器则是用来匹配 DOM 元素的。

选择器（Selector）是 CSS 中非常重要的概念，所有 HTML 标签都是通过不同的 CSS 选择器进行控制的。用户只需要通过选择器，就可以对不同的 HTML 标签进行选择，并赋予各种各样的样式声明，即可以实现各种美化网页效果。

在 CSS 中最基本的选择器分别是标签选择器、类选择器和 ID 选择器 3 种，下面分别进行详细介绍。

1．标签选择器

一个 HTML 页面由很多标签组成，如<h1>～<h6>、<p>和<img>等，CSS 标签选择器就是用来声明这些标签的。因此，每种 HTML 标签的名称都可以作为相应的标签选择器的名称。例如，<h3>标签选择器就用于声明页面中所有<h3>标签的样式风格；同样，可以通过<p>标签选择器来声明页面中所有<p>标签的样式风格。示例 5.1 声明了<h3>和<p>标签选择器。

示例 5.1：

```
<!DOCTYPE html>
<html lang="en">
    <head>
        <meta charset="UTF-8">
        <title>Title</title>
```

```
            <style type="text/css">
                h3{font-weight:bold;}
                p{
                    font-size:16px;
                    font-style:italic;
                }
            </style>
        </head>
        <body>
            <h3>新迈尔科技有限公司</h3>
            <p>位于北京市海淀区中关村软件园二期中兴通大厦 B 座三层 301 室</p>
            <p>欢迎来到新迈尔科技</p>
        </body>
    </html>
```

示例 5.1 中 CSS 代码声明了 HTML 页面中所有的<h3>标签和<p>标签。<h3>标签中字体为粗体；<p>标签中字体为斜体，大小都为 16px。每个 CSS 选择器都包含选择器本身、属性和值，其中，属性和值可以设置多个，从而实现对同一个标签声明多种样式风格，CSS 标签选择器的语法结构如图 5.8 所示。在浏览器中打开页面，效果如图 5.9 所示，标题字体为粗体；文本字体为斜体，并且字体大小为 16px。从页面效果图中可以看到，标签选择器声明之后，立即对 HTML 中的标签产生作用。

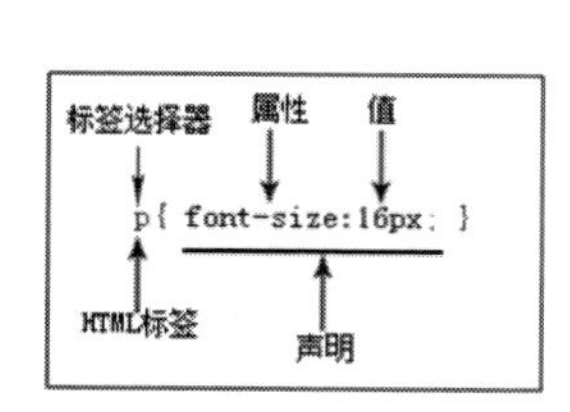

图 5.8　标签选择器

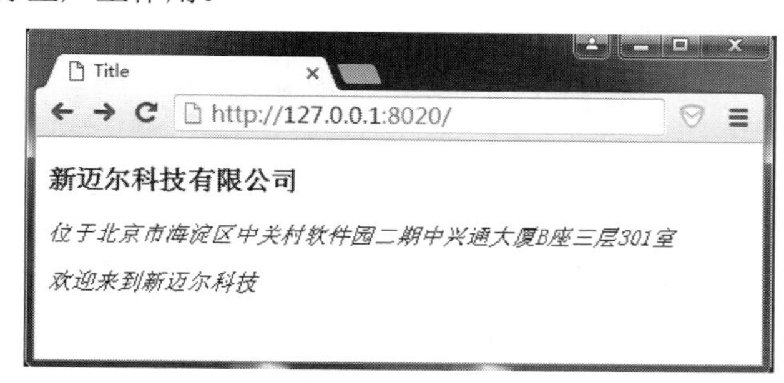

图 5.9　标签选择器效果图

标签选择器是网页样式中经常用到的，通常用于直接设置页面中的标签样式。例如，页面中有<h1>、<h4>和<p>标签，如果相同的标签内容的样式一致，那么使用标签选择器就非常方便了。

2. 类选择器

通过上文的介绍可以知道，标签选择器一旦声明，页面中所有的该标签都会相应地发生变化。例如，当声明了<p>标签都为斜体时，页面中所有的<p>标签都将显示为斜体。但是，如果希望其中的某个<p>标签不是斜体，而是加粗，那么仅依靠标签选择器是不够的，还需要引入类（class）选择器。

类选择器的名称可以由用户自定义，属性和值与标签选择器一样，必须符合 CSS 规范，类选择器的语法结构如图 5.10 所示。

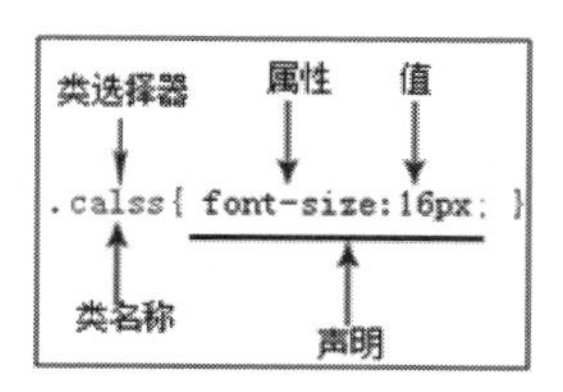

图 5.10　类选择器

设置了类选择器后，就要在 HTML 标签中应用类样式。使用标签的 class 属性引用类样式，即引用格式为<标签名 class="类名称">

标签内容</标签名>。

例如，要使示例 5.1 中的两个<p>标签中的文本分别显示不同的颜色，就可以通过设置不同的类选择器来实现。代码如示例 5.2 所示，增加了 green 类样式，并在<p>标签中使用 class 属性应用了该类样式。

Note

示例 5.2：

```
<!DOCTYPE html>
<html lang="en">
    <head>
        <meta charset="UTF-8">
        <title>Title</title>
        <style type="text/css">
            h3{font-weight:bold; }
            p{
                font-size:16px;
                font-style:italic;
              }
            .bold{
                font-size:20px;
                font-weight:bold;
            }
        </style>
    </head>
    <body>
        <h3>新迈尔科技有限公司</h3>
        <p>位于北京市海淀区中关村软件园二期中兴通大厦 B 座三层 301 室</p>
        <p class="bold">欢迎来到新迈尔科技</p>
    </body>
</html>
```

在浏览器中打开页面，效果如图 5.11 所示。由于第二个<p>标签应用了类样式 green，它的文本字体变为粗体，并且字体大小为 20px；而由于第一个<p>标签没有应用类样式，因此它直接使用标签选择器，字体依然是斜体，字体大小为 16px。

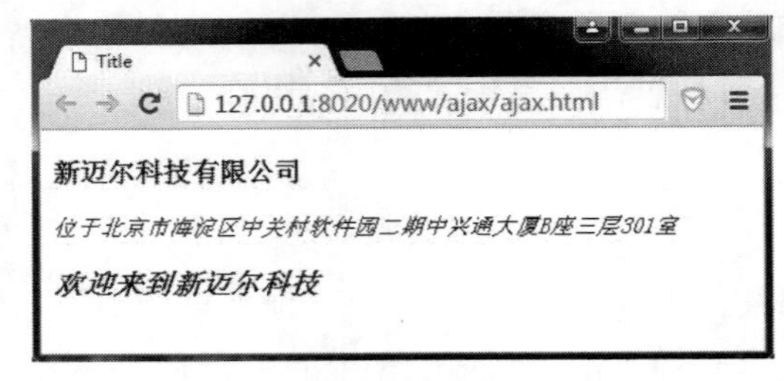

图 5.11　类选择器效果图

类选择器是网页中最常用的一种选择器，设置了一个类选择器后，只要页面的某个标签中需要相同的样式，直接使用 class 属性调用即可。类选择器可以在同一个页面中频繁地使用，非常方便。

3. ID 选择器

ID 选择器的使用方法与类选择器基本相同，不同之处在于 ID 选择器只能在 HTML 页

面中使用一次，因此它的针对性更强。在 HTML 的标签中，只要在 HTML 中设置了 id 属性，就可以直接调用 CSS 中的 ID 选择器。ID 选择器的语法结构如图 5.12 所示。

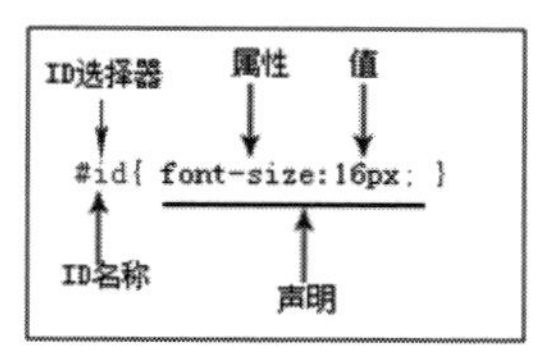

图 5.12　ID 选择器

下面举一个例子看看 ID 选择器在网页中的应用。设置两个 id 属性，分别为 first 和 second，在样式表中设置两个 ID 选择器，代码如示例 5.3 所示。

示例 5.3：

```
<!DOCTYPE html>
<html lang="en">
    <head>
        <meta charset="UTF-8">
        <title>Title</title>
        <style type="text/css">
            #first{font-size: 16px;}
            #second{font-size: 24px;}
        </style>
    </head>
    <body>
        <h1>静夜思</h1>
        <p id="first">床前明月光，</p>
        <p id="second">疑是地上霜。</p>
        <p>举头望明月，</p>
        <p>低头思故乡。</p>
    </body>
</html>
```

图 5.13　ID 选择器效果图

在浏览器中打开的页面效果如图 5.13 所示，第一个<p>标签设置了 id 为 first，字体大小为 16px；第二个<p>标签设置了 id 为 second，字体大小为 24px。由此例子可以看到，只要在 HTML 标签中设置了 id 属性，那么此标签就可以直接使用 CSS 中对应的 ID 选择器。

与类选择器不同，尽管同一个 id 属性在同一个页面中只能使用一次，但是 ID 选择器在网页中也是经常用到的。例如，在布局网页时，页头、页面主体、页尾或者页面中的菜单、列表等通常使用 id 属性，这样看到 id 名称就知道此部分的内容，使页面代码具有非常高的可读性。

5.3　在 HTML 中引用 CSS 样式

在前面的几个示例中，所有的 CSS 样式都是通过<style>标签放在 HTML 页面的<head>标签中，这样写会使页面的代码很长，不利于查看和查找，不适合制作网页。在 HTML

中引入 CSS 样式的方法有行内样式、内部样式表和外部样式表 3 种，下面依次学习各种应用方式的优缺点及应用场景。

Note

5.3.1 行内样式

行内样式就是在 HTML 标签中直接使用 style 属性设置 CSS 样式。style 属性提供了一种改变所有 HTML 元素样式的通用方法。语法如下：

```
<h1 style="color:red;">style 属性的应用</h1>
<p style="font-size:14px; color:green;">直接在 HTML 标签中设置的样式</p>
```

使用 style 属性设置 CSS 样式仅对当前的 HTML 标签起作用，并且是写在 HTML 标签中的，不能使内容与表现相分离，本质上没有体现出 CSS 的优势，因此不推荐使用。

5.3.2 内部样式表

与前面讲到的所有示例一样，把 CSS 代码写在<head>的<style>标签中，与 HTML 内容位于同一个 HTML 文件中，这就是内部样式表。

这种方式方便在同页面中修改样式，但不利于在多页面间共享复用代码及维护，对内容与样式的分离也不够彻底。实际开发时，会在页面开发结束后，将这些样式代码保存到单独的 CSS 文件中，将样式和内容彻底分离开，即下面介绍的外部样式表。

5.3.3 外部样式表

外部样式表是把 CSS 代码保存为一个单独的样式表文件，文件扩展名为.css，然后在页面中引用外部样式表即可。HTML 文件引用外部样式表有两种方式，分别是链接式和导入式。

1. 链接外部样式表

链接外部样式表就是在 HTML 页面中使用<link>标签链接外部样式表，这个<link>标签必须放到页面的<head>标签内，语法如下：

```
<head>
    ……
    <link href="style.css" rel="stylesheet" type="text/css" />
    ……
</head>
```

其中，rel="stylesheet"是指在页面中使用这个外部样式表；type="text/css"是指文件的类型是样式表文本；href="style.css"是文件所在的位置。

外部样式表实现了样式和结构的彻底分离，一个外部样式表文件可以应用于多个页面。当改变这个样式表文件时，所有页面的样式都会随之改变。这在制作大量相同样式页面的网站时非常有用，不仅减少了重复的工作量，利于保持网站的统一样式和网站维护，同时用户在浏览网页时也减少了重复下载代码，提高了网站的速度。

现在把示例 5.3 的内部样式表改变为外部样式表的引用方式，步骤如示例 5.4 所示。

示例 5.4：

（1）把页面中的 CSS 代码单独保存在 CSS 文件夹下的 common.css 样式表文件中，文件代码如下。在 CSS 文件中不需要<style>标签，直接编写样式即可。

```
#first{font-size:16px;}
#second{font-size:24px;}
```

（2）在 HTML 文件中使用<link>标签引用 common.css 样式表文件，代码如下所示。

```
<!DOCTYPE html>
<html lang="en">
    <head>
        <meta charset="UTF-8">
        <title>Title</title>
        <link href="css/common.css" rel="stylesheet" type="text/css"/>
    </head>
    <body>
        <h1>静夜思</h1>
        <p id="first">床前明月光，</p>
        <p id="second">疑是地上霜。</p>
        <p>举头望明月，</p>
        <p>低头思故乡。</p>
    </body>
</html>
```

使用链接外部样式表的方式与示例 5.3 的内部样式表一样，在浏览器中打开页面显示的效果与示例 5.3 的效果一样，这里不再重新展示。

2. 导入外部样式表

导入外部样式表就是在 HTML 网页中使用@import 导入外部样式表，导入样式表的语句必须放在<style>标签中，而<style>标签必须放到页面的<head>标签内，语法如下：

```
<head>
    …
    <style type="text/css">
    <!--
    @import url("style.css");
    -->
    </style>
</head>
```

其中，@import 表示导入文件，前面必须有一个@符号，url("style.css")表示样式表文件位置。示例 5.4 中改为使用@import 导入文件，代码如下所示。

```
<head>
    …
    <style type="text/css">
    <!--
    @import url("css/common.css");
    -->
```

```
        </style>
        </head>     …
</html>
```

Note

3. 链接式与导入式的区别

以上讲解了两种引用外部样式表的方式，它们的本质都是将一个独立的CSS样式表引到HTML页面中，但是两者还是有一些差别的，现在看一下两者的不同之处。

（1）<link>标签属于XHTML范畴，而@import是CSS2.1中特有的。

（2）使用<link>链接的CSS是客户端浏览网页时先将外部CSS文件加载到网页当中再进行编译显示，所以这种情况下显示出来的网页与用户预期的效果一样，即使网速再慢也是一样的效果。

（3）使用@import导入的CSS文件，客户端在浏览网页时先将HTML结构呈现出来，再把外部CSS文件加载到网页当中，当然最终的效果也与使用<link>链接文件效果一样，只是当网速较慢时会先显示没有CSS统一布局的HTML网页，这样就会给用户很不好的感觉。这也是目前大多数网站采用链接外部样式表的主要原因。

（4）由于@import是CSS2.1中特有的，因此对于不兼容CSS2.1的浏览器来说就是无效的。

综合以上几个方面的因素，可以发现，现在大多数网站还是比较喜欢使用链接外部样式表的方式引用外部CSS文件。

5.3.4 CSS样式的优先级

前面一开始就提到CSS的全称为层叠样式表，因此对于页面中的某个元素，它允许同时应用多个样式（即叠加），页面元素最终的样式即为多个样式的叠加效果。但这存在一个问题——当同时应用上述的3类样式时，页面元素将同时继承这些样式，但样式之间如有冲突，应继承哪种样式？这就存在样式优先级的问题。同理，从选择器角度，当某个元素同时应用标签选择器、ID选择器、类选择器定义的样式时，也存在样式优先级的问题。CSS中规定的优先级规则如下所示。

☑ 行内样式 > 内部样式表 > 外部样式表。

☑ ID选择器 > 类选择器 > 标签选择器。

行内样式>内部样式表>外部样式表，即“就近原则”。如果同一个选择器中样式声明层叠，那么后写的会覆盖先写的样式，即后写的样式优先于先写的样式。

5.4 CSS的高级应用

前面介绍了CSS的基本语法、CSS的选择器，以及如何在网页中引用CSS样式，最后还介绍了样式的优先级，其实这些只是CSS应用中的一部分。下面介绍CSS在网页中的一些高级应用，即CSS复合选择器和CSS的继承特性。

Note

5.4.1 CSS 复合选择器

CSS 复合选择器是以标签选择器、类选择器、ID 选择器这 3 种基本选择器为基础，通过不同方式将两个或多个选择器组合在一起而形成的选择器。这些复合而成的选择器，能实现更强、更方便的选择功能。在网页布局和实现页面的精美效果时，通常会应用这些复合选择器。复合选择器分为后代选择器、交集选择器和并集选择器。

1. 后代选择器

在 HTML 中经常有标签的嵌套使用，那么在 CSS 选择器中也可以通过嵌套的方式，对特殊位置的 HTML 标签进行声明。例如，当<h3></h3>标签之间包含<span></span>标签时，就可以通过<h3>标签来改变<span>标签的样式。

后代选择器的写法就是把外层的标签写在前面，内层的标签写在后面，之间用空格分隔。当标签发生嵌套时，内层的标签就成为外层标签的后代。

在一段文字中，通过后代选择器可以改变最内层标签中的文本的字体大小，代码如示例 5.5 所示。

示例 5.5：

```
<!DOCTYPE html>
<html lang="en">
    <head>
        <meta charset="UTF-8">
        <title>后代选择器</title>
        <style type="text/css">
            h3 span{font-weight:bold; font-size:36px;}
            span{font-style:italic; font-size:16px;}
        </style>
    </head>
    <body>
        <span>碧玉妆成一树高，<br/>
            万条垂下绿丝绦。
            <h3>不知细叶谁裁出，<br/>
            <span>二月春风似剪刀。</span></h3>
        </span>
    </body>
</html>
```

从代码中可以看到，<h3>是外层标签，<span>是内层标签。通过将 span 选择器嵌套在 h3 选择器中进行声明，显示效果只适用于<h3>和</h3>之间的<span>标签，而 h3 外面的<span>标签只显示对应的 span 标签选择器效果。

在浏览器中打开页面，效果如图 5.14 所示，第一行<span>标签中的文本字体为粗体，字体大小为 16px；显然第二行<span>标签中的文本“二月春风似剪刀”按照后代选择器的规则显示预期效果，字体为粗体，字体大小为 36px。

图 5.14　后代选择器的页面效果图

后代选择器在CSS应用中是非常常见的，通常用在HTML标签嵌套时，常用情况如下。

（1）按标签的嵌套关系，如本例中<h3>标签嵌套<span>标量，直接按标签的嵌套关系编写样式。

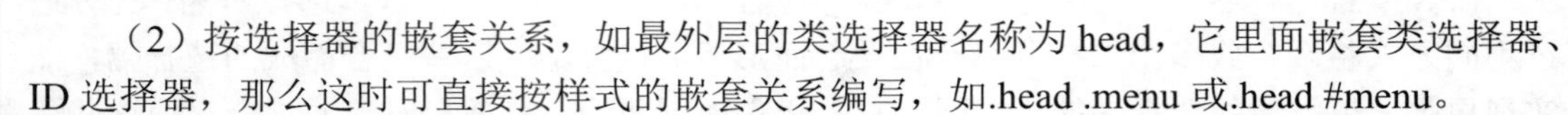

（2）按选择器的嵌套关系，如最外层的类选择器名称为head，它里面嵌套类选择器、ID选择器，那么这时可直接按样式的嵌套关系编写，如.head .menu或.head #menu。

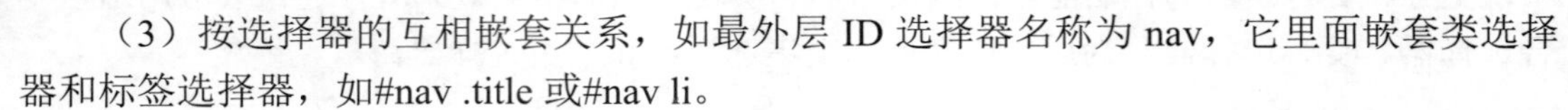

（3）按选择器的互相嵌套关系，如最外层ID选择器名称为nav，它里面嵌套类选择器和标签选择器，如#nav .title或#nav li。

2. 交集选择器

CSS交集选择器也叫交集复合选择器，由两个选择器直接连接构成，其中第一个是标签选择器，第二个是类选择器或者ID选择器。这两个选择器之间不能有空格，必须连续书写。

这种方式构成的选择器，将选中同时满足前后两者定义的元素，也就是前者所定义的标签类型和后者的类或者ID的元素，因此被称为交集选择器。

现在看一个交集选择器的例子。以杜甫的诗《春夜喜雨》为例，诗的所有内容写在<p>标签内，其中一句诗写在<p>标签的嵌套标签<strong>中，两个标签均加上类样式text；两个类样式text分别是后代选择器和交集选择器，代码如示例5.6所示。

示例5.6：

```
<!DOCTYPE html>
<html lang="en">
    <head>
        <meta charset="UTF-8">
        <title>Title</title>
        <style type="text/css">
            p .text{font-weight:bold;}                              /*后代选择器*/
            p.text{font-style:italic;line-height:28px;}             /*交集选择器*/
        </style>
    </head>
    <body>
        <h2>春夜喜雨</h2>
        <p class="text">
            <strong class="text"> 好雨知时节，当春乃发生。随风潜入夜，润物细无声。</strong>
            野径云俱黑，江船火独明。晓看红湿处，花重锦官城。
        </p>
    </body>
</html>
```

在浏览器中的效果如图5.15所示，<p>标签应用了text样式表示是交集选择器，其中的文本为粗体；而<strong>标签是嵌套在<p>标签中的，符合后代选择器的规则，因此它的字体显示斜体。

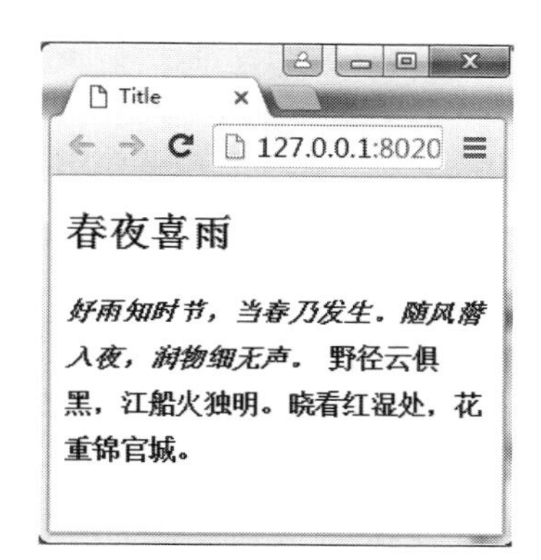

图 5.15　交集选择器效果图

3.并集选择器

与交集选择器相对应，还有一种并集选择器。CSS 并集选择器也叫群选择器，是由多个选择器通过逗号连接在一起的，这些选择器分别是标签选择器、类选择器或 ID 选择器。它的结果是同时选中多个基本选择器所选择的范围。

在声明各种 CSS 选择器时，如果某些选择器定义的 CSS 样式是完全相同的，或者部分相同，这时便可以用并集选择器同时声明风格相同的 CSS 选择器。

同样以杜甫的诗《春夜喜雨》为例，把诗词的每句放在不同的标签中，然后这些标签设置相同的样式，代码如示例 5.7 所示。

示例 5.7：

```
<!DOCTYPE html>
<html lang="en">
    <head>
        <meta charset="UTF-8">
        <title>Title</title>
        <style type="text/css">
            h3,.first,.second,.third{font-size:16px; font-weight:normal;}
        </style>
    </head>
    <body>
        <h2>春夜喜雨</h2>
        <h3> 好雨知时节，当春乃发生。</h3>
        <p class="first"> 随风潜入夜，润物细无声。</p>
        <p class="second"> 野径云俱黑，江船火独明。</p>
        <p id="third"> 晓看红湿处，花重锦官城。</p>
    </body>
</html>
```

从示例 5.7 的代码中可以看出，第一句放在<h3>标签中，其他 3 句均放在<p>标签中，但是分别引用不同的类选择器和 ID 选择器。在浏览器中打开的页面效果如图 5.16 所示，4 句诗词显示的样式均一样，这是因为所有选择器设置的 CSS 样式都是一样的，这种集体声明的并集选择器与分开一个一个声明选择器的效果是一样的。

Note

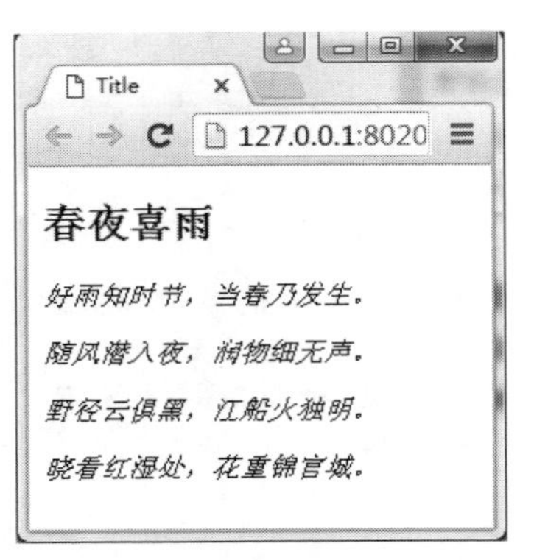

图 5.16　并集选择器效果图

在实际应用中，并集选择器经常会用在对页面中所有标签进行全局样式设置上。例如，CSS 文件一开始设置页面标签的全局样式，当页面中<p><li><dt>和<dd>等标签内的文本字体大小、行距一样，这时使用并集选择器集体设置这些标签内容一样的样式，就非常方便了。这一点在后面的章节会经常应用到。

掌握了以上 3 种 CSS 样式的编写方法，在以后编写 CSS 代码时，应根据需要编辑不同的选择器以符合页面的需求，对 CSS 代码进行优化，对 CSS 代码“减肥”，以加速客户端页面下载速度并提高用户体验。

5.4.2　CSS 继承性

所谓 CSS 的继承是指被包在内部的标签将拥有外部标签的样式性质。

1. 继承关系

CSS 的一个主要特征就是继承，它是依赖于祖先-后代的关系的。继承是一种机制，它允许样式不仅可以应用于某个特定的元素，还可以应用于其后代。为了更好地理解继承关系，首先从 HTML 文件的组织结构入手，代码如示例 5.8 所示。

示例 5.8：

```
<!DOCTYPE html>
<html lang="en">
    <head>
        <meta charset="UTF-8">
        <title>Title</title>
    </head>
    <body>
        <h1>新迈尔学习平台</h1>
        <p>欢迎来到新迈尔学习平台，这里将为您提供丰富的学习内容。</p>
        <ul>
            <li>网页制作
                <ul>
                    <li>使用 Dreamweaver 制作网页</li>
                    <li>使用 CSS 布局和美化网页
                        <ul>
```

```
                <li>CSS 初级</li>
                <li>CSS 中级</li>
                <li>CSS 高级</li>
            </ul>
        </li>
        <li>使用 JavaScript 制作网页特效</li>
    </ul>
</li>
<li>平面设计
    <ol>
        <li>美术基础</li>
        <li>使用 Photoshop 处理图形图像</li>
        <li>使用 Illustrator 设计图形</li>
        <li>制作 Flash 动画</li>
    </ol>
</li>
</ul>
<p>如果您有任何问题，欢迎给我们留言。</p>
</body>
</html>
```

在浏览器中打开的页面效果如图 5.17 所示，可以看到这个页面中，标题使用了标题标签，后面使用了列表结构，其中最深的部分使用了 3 级列表。

这里着重从“继承”的角度来考虑各个标签之间的树形关系，如图 5.18 所示。在这个树形关系中，处于最上端的<html>标签称为“根”（root），它是所有标签的源头，往下层包含。在每个分支中，称上层标签为其下层标签的“父”标签；相应地，下层标签称为上层标签的“子”标签。例如，<ul>标签是<body>标签的子标签，同时它也是<li>标签的父标签。

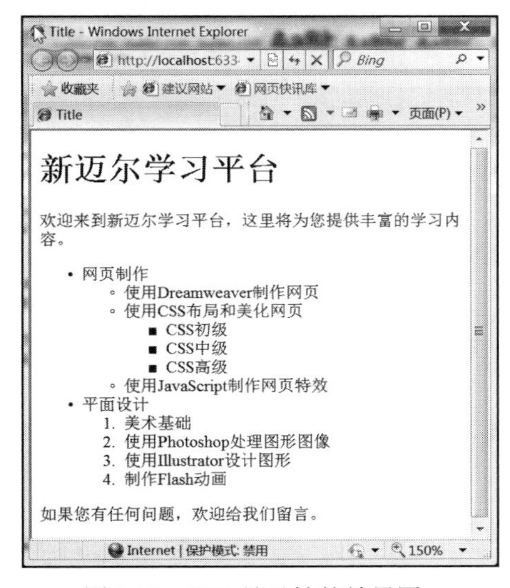

图 5.17　CSS 继承性的效果图

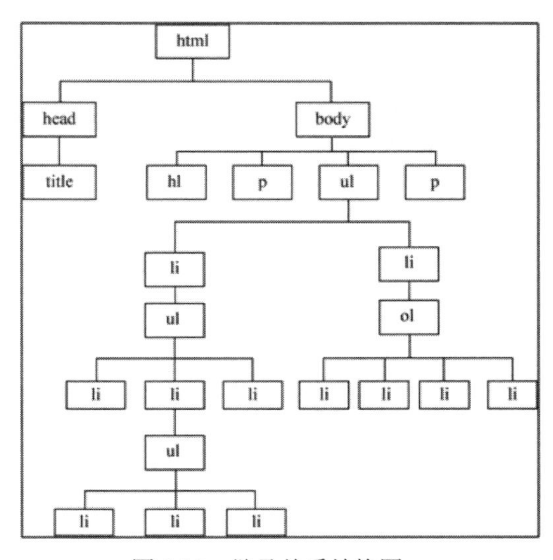

图 5.18　继承关系结构图

2. 继承的应用

Note

通过前面的讲解，已经对各个标签之间的父子关系有了认识，下面进一步讲解 CSS 继承的应用。CSS 继承指的是子标签的所有样式风格，可以在父标签样式风格的基础上加以修改，产生新的样式，而子标签的样式风格完全不会影响父标签。

例如，在示例 5.8 中加入继承关系的 CSS 代码，设置所有列表的字体大小为 12px，字体为粗体；"使用 CSS 布局和美化网页"下一级列表字体为斜体；"平面设计"下一级列表字体大小为 16px，代码如示例 5.9 所示。

示例 5.9：

```
<!DOCTYPE html>
<html lang="en">
    <head>
        <meta charset="UTF-8">
        <title>Title</title>
        <style type="text/css">
            li {
                font-weight:bold;
                font-size:12px;
            }
            ul li ul li ul li{ font-style:italic;}
            ul li ol li{ font-size:16px; }
        </style>
    </head>
    <body>
        <h1>新迈尔学习平台</h1>
        <p>欢迎来到新迈尔学习平台，这里将为您提供丰富的学习内容。</p>
        <ul>
            <li>网页制作
            <ul>
                <li>使用 Dreamweaver 制作网页</li>
                <li>使用 CSS 布局和美化网页
                    <ul>
                        <li>CSS 初级</li>
                        <li>CSS 中级</li>
                        <li>CSS 高级</li>
                    </ul>
                </li>
                <li>使用 JavaScript 制作网页特效</li>
            </ul>
            </li>
            <li>平面设计
                <ol>
                    <li>美术基础</li>
                    <li>使用 Photoshop 处理图形图像</li>
                    <li>使用 Illustrator 设计图形</li>
                    <li>制作 Flash 动画</li>
                </ol>
```

```
            </li>
        </ul>
        <p>如果您有任何问题，欢迎给我们留言。</p>
    </body>
</html>
```

在浏览器中打开的页面效果如图 5.19 所示，“CSS 初级”等 3 个列表字体为斜体加粗和字体大小 14px，“美术基础”等 4 个列表字体为粗体和字体大小 16px。这个例子充分体现了标签继承和 CSS 样式继承的关系。

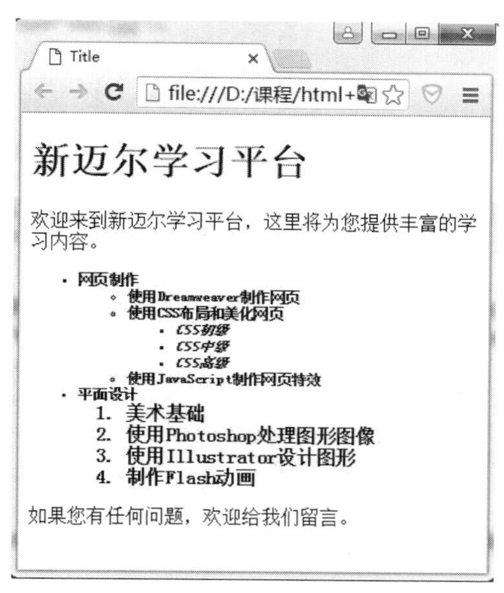

图 5.19　CSS 的继承应用

5.5　技能训练

1. 制作杜甫《绝句》

需求说明：

使用标题标签和段落标签制作杜甫的诗《绝句》，模仿课堂中讲解的例子，设置诗的正文的字体为斜体，字体大小为 14px，完成效果如图 5.20 所示。

2. 制作《归园田居 其一》

需求说明：

使用标题标签和段落标签制作陶渊明的词《归园田居 其一》，标题和正文之间使用水平线分隔，使用样式设置标题为粗体，字体大小为 24px；正文第一段字体大小为 12px，字体为斜体，第二段字体大小为 18px，完成页面效果如图 5.21 所示。

Note

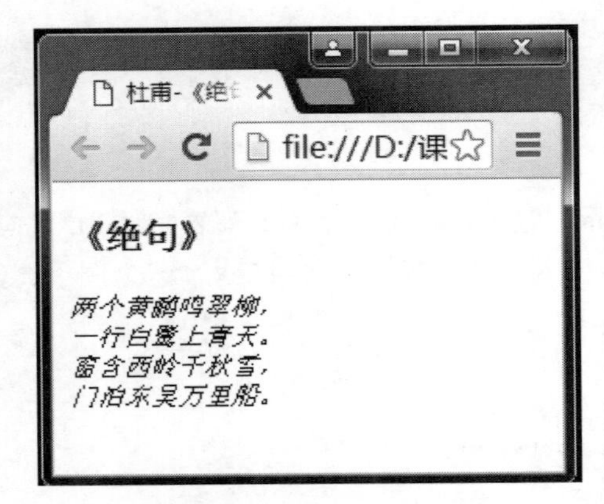

图 5.20　《绝句》效果图

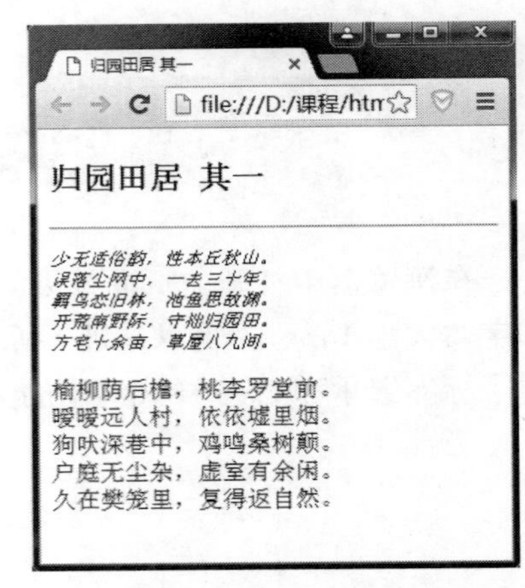

图 5.21　《归园田居　其一》效果图

3. 制作杜牧《清明》

需求说明：

制作杜牧的诗《清明》，标题使用<h1>标签，其他文本均放在段落标签<p>中，CSS 样式设置要求如下。

（1）使用标签选择器设置标题字体大小为 20px。

（2）使用标签选择器设置页面中所有段落标签中的文本字体大小为 16px。

（3）使用类选择器设置诗的正文和译文内容字体为粗体。

（4）使用 ID 选择器设置译文标题为斜体。

页面完成的效果如图 5.22 所示。

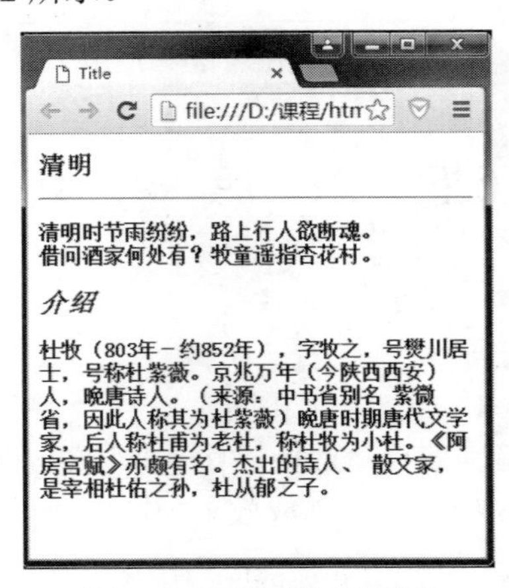

图 5.22　《清明》效果图

4. 制作体育新闻页面

需求说明：

使用学习过的标签、样式制作体育新闻页面，具体要求如下。

（1）CSS 样式体现出复合选择器的应用。

（2）分别使用行内样式、内部样式表和外部样式表的形式制作本页面，使用链接方

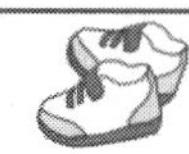

式引用外部样式表。

页面完成的效果如图 5.23 所示。

体育新闻
体坛聚焦
7岁儿童酒瓶上做俯卧撑
体坛内外
篮球·NBA
国内足球
视频
体育微博

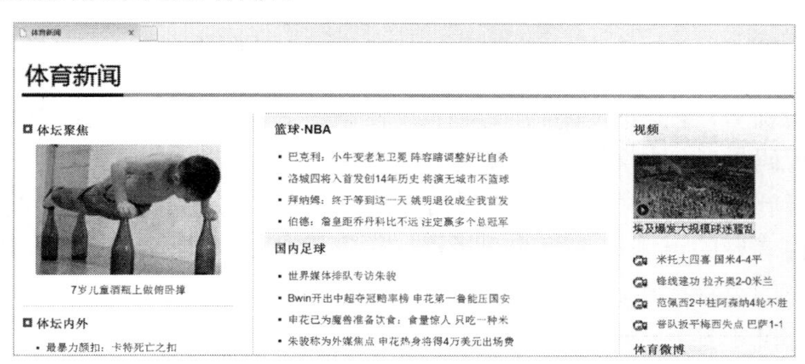

图 5.23　体育新闻

5. 制作开心网-游戏列表

需求说明：

使用学习过的标签、样式制作开心网游戏列表页面，具体要求如下。

（1）CSS 样式体现出复合选择器的应用。

（2）分别使用行内样式、内部样式表和外部样式表的形式制作本页面，使用链接方式引用外部样式表。

页面完成的效果如图 5.24 所示。

6. 制作公司介绍页面

需求说明：

使用学习过的标签、样式制作公司介绍页面，具体要求如下。

（1）CSS 样式体现出复合选择器的应用。

（2）分别使用行内样式、内部样式表和外部样式表的形式制作本页面，使用链接方式引用外部样式表。

页面完成的效果如图 5.25 所示。

file:///C:/Users
神仙道
游戏人气：1765314
游戏状态：22区开启
神仙道
游戏人气：1765314
游戏状态：22区开启

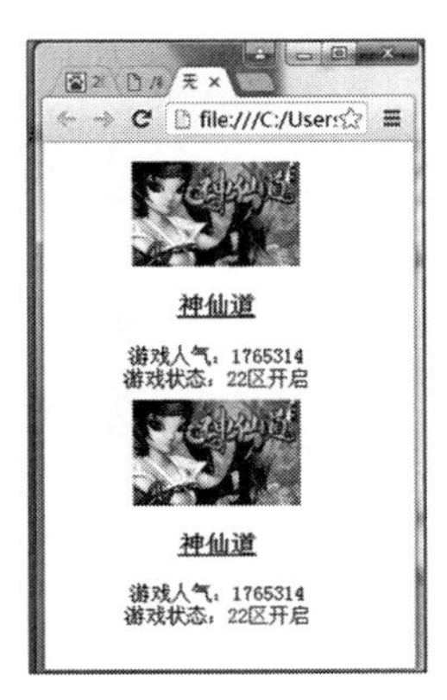

图 5.24　开心网游戏列表

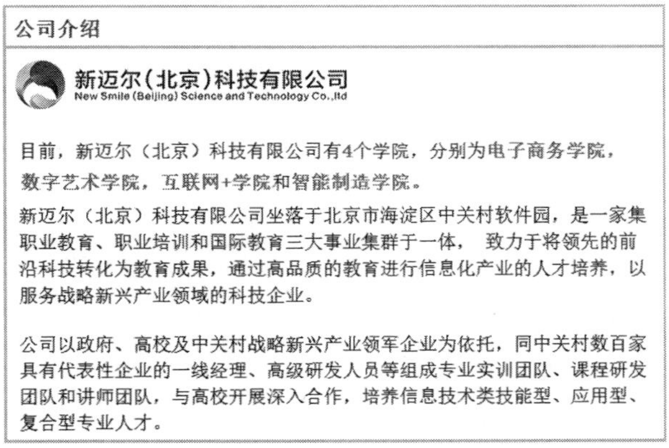

公司介绍
新迈尔（北京）科技有限公司
New Smile (Beijing) Science and Technology Co.,ltd
目前，新迈尔（北京）科技有限公司有4个学院，分别为电子商务学院，数字艺术学院，互联网+学院和智能制造学院。
新迈尔（北京）科技有限公司坐落于北京市海淀区中关村软件园，是一家集职业教育、职业培训和国际教育三大事业集群于一体，致力于将领先的前沿科技转化为教育成果，通过高品质的教育进行信息化产业的人才培养，以服务战略新兴产业领域的科技企业。
公司以政府、高校及中关村战略新兴产业领军企业为依托，同中关村数百家具有代表性企业的一线经理、高级研发人员等组成专业实训团队、课程研发团队和讲师团队，与高校开展深入合作，培养信息技术类技能型、应用型、复合型专业人才。

图 5.25　公司介绍页面

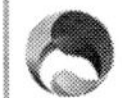

本 章 总 结

☑ CSS 的意义：使页面更好地控制和美化。

☑ CSS 的优势：内容与表现分离、表现的统一、利于网页被搜索引擎收录、减少网页的代码量，增加网页的浏览速度，节省网络带宽。

☑ CSS 样式表的 3 种引入方式：行内样式、内部样式表和外部样式表，及其优先级。

☑ 层叠样式表的语法和常用的选择器：标签选择器、类名选择器和 ID 选择器。

☑ 样式表的高级应用。

☑ CSS 的继承性。

第6章 美化网页元素

本章简介

网站就像穿衣打扮，要有自己的风格和个性，且符合自身的身份职务。也就是说网站要根据行业特点进行美化，比如说科技类网站善用蓝色，娱乐类网站善用橙色，政府门户类网站大多用红色调。

本章以文字样式的 CSS 设置开始，详细讲解如何使用 CSS 设置文字的各种效果、文字与图片的混排效果，以及超链接样式的各种方式，最后讲解网页中背景颜色、背景图片的各种设置方法和列表样式的设置方法。

通过本章的学习，可以对网页的文本、图片、列表、超链接设置各种各样的效果，使网页看起来美观大方、赏心悦目。

本章工作任务

- 制作购物网站商品分类页面
- 制作支付宝应用页面

本章技能目标

- 会使用 CSS 设置字体样式和文本样式
- 会使用 CSS 设置图片对齐方式
- 会使用 CSS 设置超链接样式
- 会使用 CSS 设置鼠标滑过形状
- 会使用 CSS 设置背景样式
- 会使用 CSS 设置列表样式

Note

背诵英文单词

请在预习时找出下列单词在教材中的用法，了解它们的含义和发音，并填写于横线处。

font-family____________________

font-size____________________

font-weight____________________

text-align____________________

text-indent____________________

line-height____________________

text-decoration____________________

vertical-align____________________

background-color____________________

background-image____________________

background-position____________________

background-repeat____________________

background____________________

list-style-type____________________

list-style____________________

预习并回答以下问题

1. 在某段文本中为了突出某几个文字，通常使用什么标签编写？
2. 设置文本字体加粗的属性是什么？
3. 去掉列表项前标记符的 CSS 属性是什么？
4. 描述使用 font 属性设置字体类型、风格、大小、粗细的样式顺序。

6.1 使用CSS编辑网页文本

文字，就是网页的内容，是网页上最重要的信息载体与交流工具，网站大部分的主要信息一般都以文本形式为主，因此本节将学习字体和文本属性，这对于创造出专业水准的网页排版非常重要。一个网站的品质如何，有时候只要看看它用的字体就能一目了然。使用 CSS 设置字体大小、字体类型、文字颜色、字体风格等字体样式，通过 CSS 设置文本段落的对齐方式、行高、文本与图片的对齐方式，以及文字缩进方式来排版网页。

6.1.1 文本在网页中的意义

在上网浏览网页时，看到最多的就是文字，那么文字在网页中除了传递信息外，还有其他什么意义呢？如图 6.1 所示的阿芙精油官网，看完之后描述一下看到了什么。

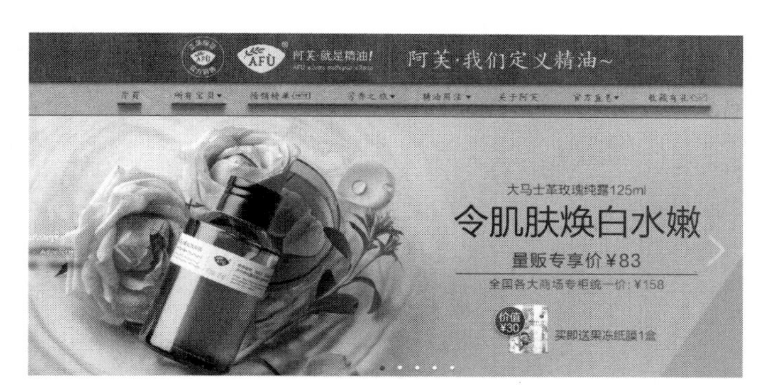

图 6.1　阿芙官网

经过分析可以看出，大家一眼看到的都是“令肌肤焕白水嫩”这个大标题，而文字的层次及大小对比的效果，是经过 CSS 处理美化的文本，这些文本突出了页面的主题。因此使用 CSS 美化网页文本具有如下意义。

☑　使用 CSS 美化过的页面文本，使页面漂亮、美观，吸引用户。

☑　可以很好地突出页面的主题内容，使用户第一眼可以看到页面主要内容。

☑　具有良好的用户体验。

☑　有效地传递页面信息。

了解了使用 CSS 美化网页文本在网页中的意义，下面开始使用 CSS 设置字体样式学习之旅。在学习之前，大家先来认识一个重要的编辑文本的标签——<span>标签。

6.1.2　<span>标签

在前面的章节中，已经学习了很多 HTML 标签，都可以用来编辑文字，比如有标题标签、段落标签、列表、表格来编辑文本，那么现在想要将一个<p>标签内的几个文字或者某个词语凸显出来，应该如何解决呢？这时<span>标签就闪亮登场了。

在 HTML 中，<span>标签是被用来组合 HTML 文档中的行内元素的，它没有固定的格式表示，只有对它应用 CSS 样式时，才会产生视觉上的变化。例如，示例 6.1 中的文本“新迈尔”突出显示就是<span>标签的作用。

示例 6.1：

```
<!DOCTYPE html>
<html>
    <head>
        <meta charset="UTF-8">
        <title>无标题文档</title>
        <style>
            p{font-size:14px;}
            p #dream{font-size:24px;color:red;font-weight:bold;}
            p .new{font-size:36px;color:blue;}
        </style>
    </head>
    <body>
        <p>享受一流的服务</p>
```

```
        <p>在新迈尔，有一群人默默支持你成就<span id="dream">IT 梦</span></p>
        <p>选择<span class="new">新迈尔</span>学习，成就你的梦想</p>
    </body>
</html>
```

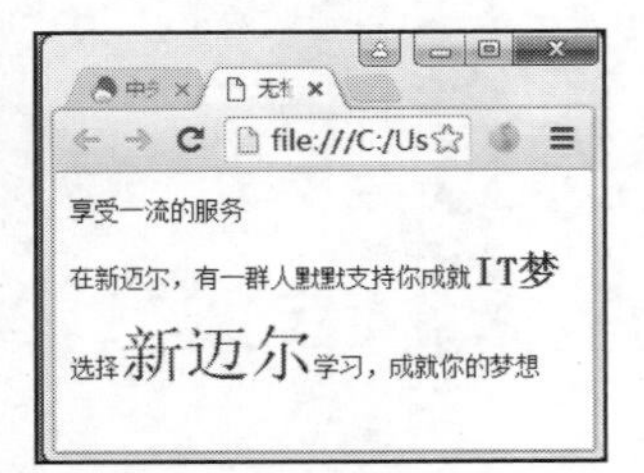

图 6.2　<span>标签的显示效果

由上面的代码可以看出，使用 CSS 为<span>标签添加样式，既可以使用类选择器和 ID 选择器，也可以使用标签选择器，在浏览器中打开的页面显示效果如图 6.2 所示。

6.1.3　字体样式

CSS 字体属性定义字体类型、字体大小、字体是否加粗、字体风格等，常用的字体属性、含义及用法如表 6.1 所示。

表 6.1　常用字体属性

属 性 名	含　义	举　例
font-family	设置字体类型	font-family:"隶书";
font-size	设置字体大小	font-size:12px;
font-style	设置字体风格	font-style:italic;
font-weight	设置字体的粗细	font-weight:bold;
font	在一个声明中设置所有字体属性	font:italic bold 36px "宋体";

为了帮助大家深入地理解这几个常用的字体属性，在实际应用中灵活地运用这些字体属性，使网页中的文本发挥其最大作用，下面对这几个字体属性进行详细介绍。

1. 字体类型

在 CSS 中字体类型是通过 font-family 属性来控制的。例如，需要将 HTML 中所有<p>标签中的英文和中文分别使用 Verdana 和楷体显示，则可以通过标签选择器来定义<p>标签中元素的字体样式，语法如下：

```
p{font-family:Verdana,"楷体";}
```

这句代码声明了 HTML 页面中<p>标签的字体样式，并同时声明了两种字体，分别是 Verdana 和楷体，这样浏览器会优先用英文字体显示文字，如果英文字体里没有包含的字符（通常英文字体不支持中文），则从后面的中文字体里面找，这样就达到了英文使用 Verdana、中文使用楷体的不同字体效果。

这样设置的前提是要确定计算机中有 Verdana、楷体这两种字体。如果计算机中没有 Verdana，中文和英文都将以楷体显示；如果计算机中没有楷体，那么中文、英文将以计算机默认的某种字体显示。所以在设置中文、英文以不同字体显示时，尽可能设置计算机中有的字体，这样就可以实现中文、英文显示不同字体效果了。

font-family 属性可以同时声明多种字体，字体之间用英文输入模式下的逗号分隔开。另外，一些字体的名称中间会出现空格（如 Times New Roman 字体）或者中文（如楷体），这时需要用双引号将其引起来，使浏览器知道这是一种字体的名称。

现在以一个常见的文章类页面来演示一下字体类型的效果，页面代码如示例 6.2 所示。

示例 6.2：

```
<!DOCTYPE html>
<html>
    <head>
        <meta charset="UTF-8">
        <title></title>
         <style type="text/css">
            body{
                font-family:   Microsoft YaHei,"微软雅黑";
            }
         </style>      </head>      <body>      <div class="wrap">
            <p>作者：hebe</p>
            <h1>走过时光里的二十岁</h1>
            <p>想过很多次，该用怎样的词语去定义走过的时光里的二十岁。很喜欢这样的话：青春就是二十岁时站在马路的中间却不知道该往哪个方向走。……</p>
            <p>有时候傻傻地想，当我三十岁，五十岁或是八十岁的时候，再回过头看自己的二十岁，会是一种什么样的心境和感觉。会觉得日子平淡无奇，就这么一天天过去，荡漾不起一点涟漪？会觉得那时候的自己还算有梦想，敢追求？……</p>
            <h1>拾梦人</h1>
            <p>岁已至晚秋，一个人落步田间的无人小径，也不知在寻觅些什么，或许只是想在这秋日的最后一抹残阳里发现点东西。寒风吹起片片落叶，划过掠过我的眼帘，好像在向我昭示着什么。俯身，才发觉余晖下的落叶缤纷，原来你是在向我抗议的吗？抱歉，在这一片寂静里除了你们，好像只有我在这寒风里走动着，好像只有我在这寂静里咯吱咯吱作响。也许，我是觉得孤单的吧！看到你们便经不住诱惑拾起来仔细地端详，想要发觉只属于你们的秘密。</p>
            <p>春夏秋冬的流转带走了我儿时那么多秘密，我只是从漫天落叶里撷取一片落叶而已。儿时的梦亦如这缤纷的落叶撒满一地，那时，我不明道理，只想撑一把伞在雨幕里安安静静的待着，也不懂什么才是哀愁，只是喜欢看雨滴落地迸溅，只是爱这雨声入耳，只是不由的忍不住亲近；那时，我不懂世事，只想砌起一面墙把自己悄悄的藏起来，也不知什么才是逃避，只是愿意在一片寂静里做我自己的王，只是乐意在一阵发呆里做我自己的梦，只是禁不住那渴望想藏匿。</p>
      </div>
    </body>
</html>
```

上面是文章类页面的 HTML 代码，从代码中可以看到，页面标题放在<h1>标签中，文章内容放在<p>标签中，了解了页面的 HTML 代码，下面使用内部样式表的方式创建 CSS 样式，由于页面中所有文本均在<body>标签中，因此设置<body>标签中所有字体样式如下：

```
body{font-family: Times New Roman, Microsoft YaHei,"微软雅黑";}
```

在浏览器中查看页面，效果如图 6.3 所示，页面中中文字体为“微软雅黑”，由于作者计算机中没有字体 Times New Roman，因此页面中的英文字体显示为 Microsoft YaHei。

作者：hebe

走过时光里的二十岁

想过很多次，该用怎样的词语去定义走过的时光里的二十岁。很喜欢这样的话：青春就是二十岁时站在马路的中间却不知道该往哪个方向走。...

有时候傻傻地想，当我三十岁，五十岁或是八十岁的时候，再回过头看自己的二十岁，会是一种什么样的心境和感觉。会觉得日子平淡无奇，就这么一天天过去，荡漾不起一点涟漪？会觉得那时侯的自己还算有梦想，敢追求？...

拾梦人

岁已至晚秋，一个人落步田间的无人小径，也不知在寻觅些什么，或许只是想在这秋日的最后一抹残阳里发现点东西。寒风吹起片片落叶，划过掠过我的眼帘，好像在向我昭示着什么。俯身，才发觉余晖下的落叶缤纷，原来你是在向我抗议的吗？抱歉，在这一片寂静里除了你们，好像只有我在这寒风里走动着，好像只有我在这寂静里咯吱咯吱作

图 6.3　文章类页面

注释：(1) 当需要同时设置英文字体和中文字体时，一定要将英文字体设置在中文字体之前，如果中文字体设置于英文字体之前，英文字体设置将不起作用。

(2) 在实际网页开发中，网页中的文本如果没有特殊要求，通常设置为宋体；宋体是计算机中默认的字体，如果需要其他比较炫酷的字体则使用图片来替代。

2. 字体大小

在网页中，通过文字的大小来突出主体是非常常用的方法，CSS 是通过 font-size 属性来控制文字大小的，常用的单位是 px（像素），在 font.css 文件中设置<h1>标签字体大小为 24px，<h2>标签字体大小为 16px，<p>标签字体大小为 12px，代码如下所示。

```
body{font-family: Times,"Times New Roman", "楷体";}
h1{font-size:24px;}
h2{font-size:16px;}
p{font-size:12px;}
```

由于在第 5 章对于字体大小的效果已演示很多了，这里不再展示页面效果图。

在 CSS 中设置字体大小还有一些其他的单位，如 in、cm、mm、pt、pc，有时也会用百分比（%）来设置字体大小，但是在实际的网页制作中，这些单位并不常用，因此这里不过多讲解。

3. 字体风格

人们通常会用高、矮、胖、瘦、匀称来形容一个人的外形特点，字体也是一样的，也有自己的外形特点，如倾斜、正常，这些都是字体的外形特点，也就是通常所说的字体风格。

在 CSS 中，使用 font-style 属性设置字体的风格，font-style 属性有 3 个值，分别是 normal、italic 和 oblique，分别告诉浏览器显示标准的字体样式、斜体字体样式、倾斜的字体样式，默认值为 normal。其中 italic 和 oblique 在页面中显示的效果非常相似。

为了观看 italic 和 oblique 的效果，在 HTML 页面中标题代码增加<span>标签，修改代码如下所示。

```
<h1>作者<span>hebe</span></h1>
body{font-family: Times New Roman, Microsoft YaHei,"微软雅黑";}
h1{font-size:24px; font-style:italic;}
p span{font-style:oblique;}
.p2{font-size:16px; font-style:normal;}
p{font-size:12px;}
```

在浏览器中查看的页面效果如图 6.4 所示，标题都以斜体显示，italic 和 oblique 两个值的显示的效果有点相似，而 normal 显示字体的标准样式，因此依然显示.p2 标准的字体样式。

作者：hebe

走过时光里的二十岁

想过很多次，该用怎样的词语去定义走过的时光里的二十岁。很喜欢这样的话：青春就是二十岁时站在马路的中间却不知道该往哪个方向走。...

有时候傻傻地想，当我三十岁，五十岁或是八十岁的时候，再回过头看自己的二十岁，会是一种什么样的心境和感觉。会觉得日子平淡无奇，就这么一天天过去，荡漾不起一点涟漪？会觉得那时候的自己还算有梦想，敢追求？...

拾梦人

岁已至晚秋，一个人落步田间的无人小径，也不知在寻觅些什么，或许只是想在这秋日的最后一抹残阳里发现点东西。寒风吹起片片落叶，划过掠过我的眼帘，好像在向我昭示着什么。俯身，才发觉余晖下的落叶缤纷，原来你是在向我抗议的吗？抱歉，在这一片寂静里除了你们，好像只有我在这寒风里走动着，好像只有我在这寂静里咯吱咯吱作响。也许，我是觉得孤单的吧！看到你们便经不住诱惑拾起来仔细的端详，想要发觉只属于你们的秘密。

春夏秋冬的流转带走了我儿时那么多秘密，我只是从漫天落叶里撷取一片落叶而已。儿时的梦亦如这缤纷的落叶撒满一地，那时，我我不明道理，只想撑一把伞在雨幕里安安静静的待着，也不懂什么才是哀愁，只是喜欢看雨滴落地迸溅，只是爱这雨声入耳，只是不由的忍不住亲近；那时，我不懂世事，只想砌起一面墙把自己悄悄的藏起来，也不知什么才是逃避，只是愿意在一片寂静里做我自己的王，只是乐意在一阵发呆里做我自己的梦，只是禁不住那渴望想藏匿。

图 6.4　字体风格效果图

4. 字体的粗细

在网页中字体加粗突出显示，也是一种常用的字体效果。CSS 中使用 font-weight 属性控制文字粗细，可以将本身是粗体的文字变为正常粗细。font-weight 属性的值如表 6.2 所示。

表 6.2　font-weight 属性的值

值	说　明
normal	默认值，定义标准的字体
bold	粗体字体
bolder	更粗的字体
lighter	更细的字体
100、200、300、400、500、600、700、800、900	定义由细到粗的字体，400 等同于 normal，700 等同于 bold

现在修改 CSS 样式表中字体样式，代码如下所示。

```
body{ font-family: Times New Roman, Microsoft YaHei,"微软雅黑";}
h1{font-size:24px; font-style:italic;}
.p2{font-size:16px; font-style:normal;}
p{font-size:12px;}
p span{font-weight:bold;}
```

在浏览器中查看的页面效果如图 6.5 所示，标题后半部分变为字体正常粗细显示，商品分类中的小分类字体加粗显示。font-weight 属性也是 CSS 设置网页字体常用的一个属性，通常用来突出显示字体。

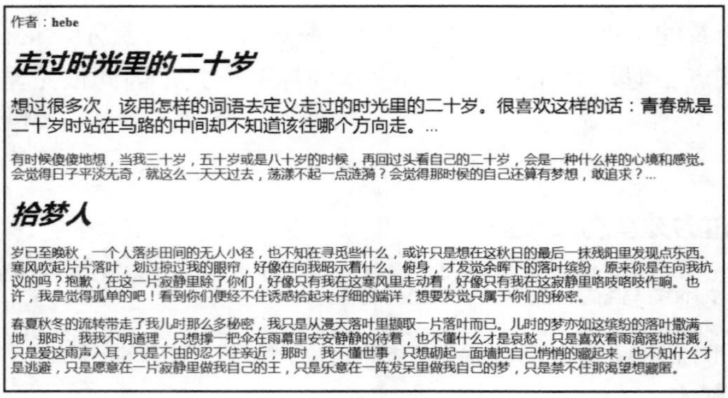

Note

作者：hebe

走过时光里的二十岁

想过很多次，该用怎样的词语去定义走过的时光里的二十岁。很喜欢这样的话：**青春就是二十岁时站在马路的中间却不知道该往哪个方向走。…**

有时候傻傻地想，当我三十岁，五十岁或是八十岁的时候，再回过头看自己的二十岁，会是一种什么样的心境和感觉。会觉得日子平淡无奇，就这么一天天过去，荡漾不起一点涟漪？会觉得那时候的自己还算有梦想，敢追求？…

拾梦人

岁已至晚秋，一个人落步田间的无人小径，也不知在寻觅些什么，或许只是想在这秋日的最后一抹残阳里发现点东西。寒风吹起片片落叶，划过掠过我的眼帘，好像在向我昭示着什么。俯身，才发觉余晖下的落叶缤纷，原来你是在向我抗议的吗？抱歉，在这一片寂静里除了你们，好像只有我在这寒风里走动着，好像只有我在这寂静里咯吱咯吱作响。也许，我是觉得孤单的吧！看到你们便经不住诱惑拾起来仔细的端详，想要发觉只属于你们的秘密。

春夏秋冬的流转带走了我儿时那么多秘密，我只是从漫天落叶里撷取一片落叶而已。儿时的梦亦如这缤纷的落叶撒满一地，那时，我我不明道理，只想撑一把伞在雨幕里安安静静的待着，也不懂什么才是哀愁，只是喜欢看雨滴落地迸溅，只是爱这雨声入耳，只是不由的忍不住亲近；那时，我不懂世事，只想砌起一面墙把自己悄悄的藏起来，也不知什么才是逃避，只是愿意在一片寂静里做我自己的王，只是乐意在一阵发呆里做我自己的梦，只是禁不住那渴望想藏匿。

图 6.5　字体粗细效果图

5. 字体属性

在前面讲解的几个字体属性都是单独使用的，在 CSS 中如果对同一部分的字体设置多种字体属性时，需要使用 font 属性来进行声明，即利用 font 属性一次设置字体的所有属性，各个属性之间用英文空格分开，但需要注意这几种字体属性的设置顺序依次为：字体风格→字体粗细→字体大小→字体类型。

例如，在上面的例子中，<p>标签中嵌套的<span>标签设置了字体的类型、大小、风格和粗细，使用 font 属性可表示如下。

```
p span{font:oblique bold 12px "楷体";}
```

以上讲解了字体在网页中的应用，这些都是针对文字设置的。但是在网页实际应用中，使用最为广泛的元素，除了字体之外，就是由一个个字体形成的文本，大到网络小说、新闻公告，小到注释说明、温馨提示、网页中的各种超链接等，这些都是互联网中最常见的文本形式。

如果要使用 CSS 把网页中的文本设置得非常美观和漂亮，该如何设置呢？这就需要下面的知识——使用 CSS 排版网页文本。

6.1.4　使用 CSS 排版网页文本

在网页中，用于排版网页文本的样式有文本颜色、水平对齐方式、首行缩进、行高、文本装饰、垂直对齐方式。常用的文本属性、含义及用法如表 6.3 所示。

表 6.3　文本属性

属　　性	含　　义	举　　例
color	设置文本颜色	color:#00C;
text-align	设置元素水平对齐方式	text-align:right;
text-indent	设置首行文本的缩进	text-indent:20px;
line-height	设置文本的行高	line-height:25px;
text-decoration	设置文本的装饰	text-decoration:underline;

在这几种文本属性中，大家对 color 属性已不陌生，其他的属性对大家来说是全新的

内容。下面以总裁致辞页面为例，详细讲解并演示这几种属性在网页中的用法。

1. 文本颜色

在 HTML 页面中，颜色统一采用 RGB 格式，也就是通常所说的“红、绿、蓝”三原色模式。每种颜色都由这 3 种颜色的不同比例组成，按十六进制的方法表示，如“#FFFFFF”表示白色、“#000000”表示黑色、“#FF0000”表示红色，其中，前两位表示红色分量，中间两位表示绿色分量，最后两位表示蓝色分量。

虽然在第 5 章使用 color 属性时都是用英文单词表示颜色，但是使用英文单词表示是有限的，因此在网页制作中基本上都使用十六进制方法表示颜色。使用十六进制可以表示所有的颜色，如“#A983D8”“#95F141”“#396”“#906”等。从这些小例子中可以看到，有的颜色为 6 位，有的为 3 位，为什么？用 3 位表示颜色值是颜色属性值的简写，当这 6 位颜色值相邻数字两两相同时可两两缩写为一位，如“#336699”可简写为“#369”，“#EEFF66”可简写为“#EF6”。

下面以总裁致辞页面为例来演示文本颜色，页面的 HTML 代码如示例 6.3 所示，页面中的主体内容放在<p>标签内，数字均放在<span>标签中。

示例 6.3：

```
<!DOCTYPE html>
<html>
    <head>
        <meta charset="UTF-8" />
        <title>公司介绍页面</title>
        <link href="css/common.css" rel="stylesheet" type="text/css" />
    </head>
    <body>
        <h1>公司介绍</h1>
        <hr/>
        <img src="image/pic.jpg" width="480" height="108"   alt="公司 logo "/>
        <p>目前，新迈尔（北京）科技有限公司有<strong>4</strong>个学院、分别为：<strong>电子商务学院</strong>， <strong>数字艺术学院</strong>，<strong>互联网+学院</strong>和<strong>智能制造学院</strong>。</p>
        <p>新迈尔（北京）科技有限公司成立于 2015 年，坐落于北京市海淀区中关村软件园，是一家集职业教育、职业培训和国际教育三大事业集群于一体，致力于将领先的前沿科技转化为教育成果，通过高品质的教育进行信息化产业的人才培养，以服务战略新兴产业领域的科技企业，公司以政府、高校及中关村战略新兴产业领军企业为依托，同中关村数百家具有代表性企业的一线经理、高级研发人员等组成专业实训团队、课程研发团队和讲师团队，与高校开展深入合作，培养信息技术类技能型、应用型、复合型专业人才。</p>
        <p>新迈尔职业教育产品研发立足于中国经济社会发展对人才的需求，面向战略新兴产业、前沿科技和互联网+领域，打造了由营销学院、数字艺术学院、互联网+学院和智能制造学院构成的四大学院矩阵，覆盖了创新创业、电子商务、互联网营销、跨境电商、UI 设计、UE 交互设计、Web 前端开发、互联网金融、大数据、虚拟现实（VR）、物联网应用、网络运维与信息安全、智能制造、机器人等专业，形成了适用于本科、高职、中职等不同层次院校的课程体系和人才培养方案，并可根据高校和企业需求进行动态调整，提供随需而变的课程或专业体系解决方案，实现对各行业领域的可扩展性覆盖。</p>
    </body>
</html>
```

现在使用 color 属性设置标题字体颜色为蓝色、页面粗体强调部分颜色为红色，CSS 代码如下所示。

```
h1{color:#091CC4;font-size:24px;}
p{font-size:16px;}
p strong{color:#FF0000;}
```

读者在浏览器中可查看页面效果，标题字体颜色为蓝色，页面数字颜色为红色。

2. 水平对齐

在 CSS 中，文本的水平对齐是通过 text-align 属性来控制的，通过它可以设置文本左对齐、居中对齐、右对齐和两端对齐。text-align 属性常用值如表 6.4 所示。

表 6.4　text-align 属性常用值

值	说　明
left	把文本排列到左边，默认值，由浏览器决定
right	把文本排列到右边
center	把文本排列到中间
justify	实现两端对齐文本效果

通常浏览网页新闻页面时会发现，标题居中显示，新闻来源会居中或居右显示，而前面的总裁致辞页面的所有内容均是默认居左显示，现在通过 text-align 属性设置标题居中显示，来源居右显示，致辞内容居左显示，CSS 代码如下所示。

```
h1{color:#091CC4;font-size:24px; text-align:center;}
h3{text-align:right;font-style:normal;}
p{font-size:12px;text-align:left;}
p span{color:#F00;}
```

在浏览器中查看页面效果如图 6.6 所示，各部分内容显示效果与 CSS 设置效果完全一致。

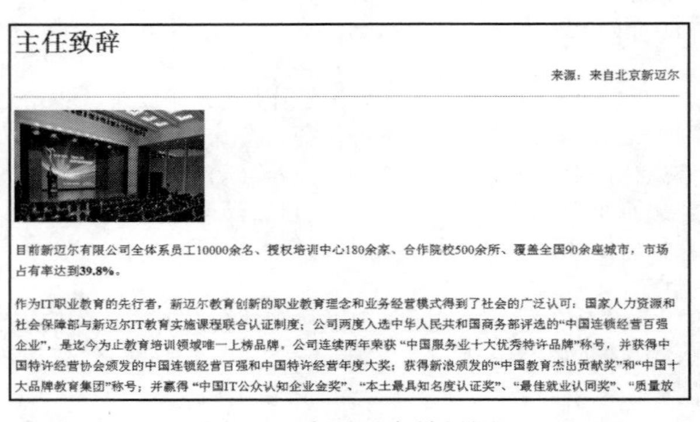

图 6.6　水平对齐效果图

3. 首行缩进

在使用 Word 编辑文档时，通常会设置段落的行距，并且段落的首行缩进两个字符，在 CSS 中也有这样的属性来实现对应的功能。CSS 中通过 line-height 属性来设置行高，通

过 text-indent 属性设置首行缩进。

line-height 属性的值与 font-size 的属性值一样，也是以数字来表示的，单位也是 px。除了使用像素表示行高外，也可以不加任何单位，按倍数表示，这时行高是字体大小的倍数。例如，<p>标签中的字体大小设置为 12px，它的行高设置为“line-height:12px;”。

在 CSS 中，text-indent 直接将缩进距离以数字表示，单位为 em 或 px。但是对于中文网页，em 用得较多，通常设置为“2em”，表示缩进两个字符，如 p{text-indent:2em;}。

这里缩进距离的单位 em 是相对单位，其表示的长度相当于本行中字符的倍数。无论字体的大小如何变化，它都会根据字符的大小，自动适应，空出设置字符的倍数。

按照中文排版的习惯，通常要求段首缩进两个字符，因此，在进行段落排版，通过 text-indent 属性设置段落缩进时，使用 em 为单位的值，再合适不过了。

根据中文排版习惯，上面总裁致辞页面段首没有缩进，并且行与行之间没有距离，显得非常拥挤，那么这两个属性就派上用场了。CSS 代码如下所示。

```
h1{color:#091CC4; font-size:24px; text-align:center;}
h3{text-align:right; font:12px normal;}
p{font-size:12px; text-align:left; line-height:20px; text-indent:2em;}
p span{color:#F00;}
```

在浏览器中查看的页面效果如图 6.7 所示，每段的开始缩进了两个字符，并且行与行之间有了一定的间隙，看起来舒服多了。

图 6.7　文本缩进效果图

4. 文本装饰

网页中经常发现一些文字有下划线、删除线等，这些都是文本的装饰效果。在 CSS 中是通过 text-decoration 属性来设置文本装饰。如表 6.5 所示列出了 text-decoration 常用值。

表 6.5　text-decoration 常用值

值	说　明
none	默认值，定义的标准文本
underline	设置文本的下划线
overline	设置文本的上划线
line-through	设置文本的删除线
blink	设置文本闪烁。此值只在 Firefox 浏览器中有效，在 IE 中无效

text-decoration 属性通常用于设置超链接的文本装饰，因此这里不详细讲解，大家知道每个值的用法即可。在后面讲解使用 CSS 设置超链接样式时会经常用到这些属性。其中 none 和 underline 是最常用的两个值。

5. 垂直对齐方式

前面介绍了文本的水平对齐方式，大家自然会想到：文本在垂直方向又该如何对齐呢？

在 CSS 中通过 vertical-align 设置垂直方向对齐方式。但是在目前的浏览器中，只能对表格单元格中的对象使用垂直对齐方式属性，而对于一般的标签，如<h1>～<h6>和<p>及后面要学习的<div>标签都是不起作用的，因此 vertical-align 在设置文本在标签中垂直对齐时并不常用，它反而经常用来设置图片与文本的对齐方式。

在网页实际应用中，通常使用 vertical-align 属性设置文本与图片的居中对齐，此时它的值为 middle，如示例 6.4 所示设置图片与文本居中对齐。

示例 6.4：

```
<!DOCTYPE html>
<html lang="en">
    <head>
        <meta charset="UTF-8">
        <title>Title</title>
        <style type="text/css">
            p img{vertical-align: middle;}
        </style>
    </head>
    <body>
        <p><img src="img/pic.png">半身裙</p>
    </body>
</html>
```

在浏览器中查看的页面效果如图 6.8 所示，实现了图片与文本居中对齐。

图 6.8　图片与文本居中对齐效果图

除了 middle 之外，vertical-align 属性还有其他值（如 top 和 bottom 等），只是这些值并不常用，因此这里不多做介绍。

6.2　使用 CSS 设置超链接

超链接在本质上属于网页的一部分，它是一种允许同其他网页或站点之间进行连接的元素。各个网页链接在一起后，才能真正构成一个网站。所谓的超链接是指从一个网页指向一个目标的链接关系，这个目标可以是另一个网页，也可以是相同网页上的不同位置，还可以是一个图片、一个电子邮件地址、一个文件，甚至是一个应用程序。而在一个网页中用来超链接的对象，可以是一段文本或者是一个图片，当浏览者单击已经链接的文字或图片后，链接目标将显示在浏览器上，并且根据目标的类型来打开或运行。

按照链接路径的不同，网页中超链接一般分为以下 3 种类型：内部链接、锚点链接和外部链接。

如果按照使用对象的不同，网页中的链接又可以分为：文本超链接、图像超链接、E-mail 链接、锚点链接、多媒体文件链接和空链接等

在任何一个网页上，超链接都是最基本的元素，通过超链接能够实现页面的跳转、功能的激活等，因此超链接也是与用户打交道最多的元素之一。下面介绍如何使用 CSS 设置超链接的样式。

6.2.1　超链接伪类

在前面的章节已经学习了超链接的用法，作为 HTML 中常用的标签，超链接的样式有其显著的特殊性：当为某文本或图片设置超链接时，文本或图片标签将继承超链接的默认样式。如图 6.9 所示，文字添加超链接后将出现下划线，图片添加超链接后将出现边框，单击链接前为文本颜色为黑色，单击后文本颜色为红色。

超链接单击前和单击后的不同颜色，其实是超链接的默认伪类样式。所谓伪类，就是不根据名称、属性、内容而根据标签处于某种行为或状态时的特征来修饰样式，也就是说超链接将根据用户未单击访问前、鼠标悬浮在超链接上、单击未释放和单击访问后的 4 个状态显示不同的超链接样式。伪类样式的基本语法为“标签名:伪类名{声明;}”，如图 6.10 所示。

图 6.9　超链接默认特性

```
a : hover { color:#61E461; }
```

图 6.10　伪类语法结构

最常用的超链接伪类如表 6.6 所示。

Note

表 6.6　超链接伪类

伪类名称	含　义	示　例
a:link	未单击访问前超链接样式	a:link{color:#9EF5F9;}
a:visited	单击访问后超链接样式	a:visited{color:#333;}
a:hover	鼠标悬浮其上的超链接样式	a:hover{color:#FF7300;}
a:active	鼠标单击未释放的超链接样式	a:active{color:#999;}

既然超链接伪类有 4 种，那么在对超链接设置样式时，有没有顺序区别？当然有了，在 CSS 设置伪类的顺序为 a:link→a:visited→a:hover→a:active，如果先设置 a:hover 再设置 a:visited，在 IE 浏览器中 a:hover 就不起作用了。

现在想一个问题，如果设置 4 种超链接样式，那么页面上超链接的文本样式就有 4 种，这样就与大家浏览网页时常见的超链接样式不一样了，大家在上网时看到的超链接无论单击前还是单击后样式都是一样的，只有鼠标悬浮在超链接上的样式有所改变，为什么？

初学者可能认为，a:hover 设置一种样式，其他 3 种伪类设置一种样式。是的，这样设置确实能实现网上常见的超链接设置效果，但是在实际的开发中是不会这样设置的。实际页面开发中，仅设置两种超链接样式，一种是超链接<a>标签选择器样式，另一种是鼠标悬浮在超链接上的样式，代码如示例 6.5 所示。

示例 6.5：

```
<!COCTYPE html>
<html>
    <head>
        <meta charset="UTF-8" />
        <title>无标题文档</title>
        <style type="text/css">
            img {
                border:0px;
            }
            p {
                font-size:12px;
            }
            a {
                color:#000;
                text-decoration:none;
            }
            a:hover {
                color:#B46210;
                text-decoration:underline;
            }
            /*span{cursor:pointer;}*/
        </style>
    </head>
    <body>
        <p><a href="#"><img src="img/cook.png"  alt="肉松饼干"/></a></p>
        <p><a href="#">福建特产肉松饼干</a>  <a href="#">友臣金丝肉松饼</a></p>
        <p><span>38gx1 包  ￥1.18</span></p>
```

```
    </body>
</html>
```

在浏览器中查看的页面效果如图 6.11 所示，鼠标悬浮在超链接上时显示下划线，并且字体颜色为#B46210，鼠标没有悬浮在超链接上时无下划线，字体颜色为黑色。

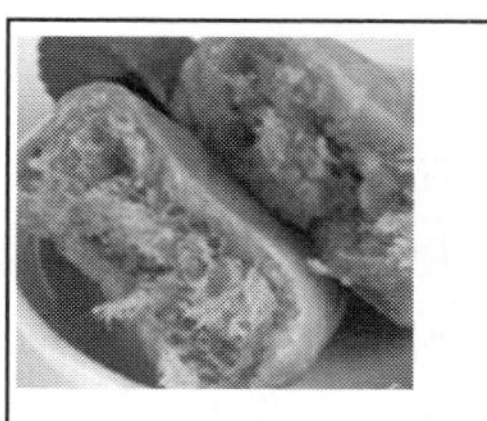

图 6.11　超链接样式效果图

a 标签选择器样式表示超链接在任何状态下都是这种样式，而之后设置 a:hover 超链接样式，表示当鼠标悬浮在超链接上时显示的样式，这样既减少了代码量，使代码看起来一目了然，也实现了想要的效果。

6.2.2　使用 CSS 设置鼠标滑过形状

在浏览网页时，通常看到的鼠标指针形状有箭头、手形和 I 字形，这些效果都是 CSS 通过 cursor 属性设置的各式各样的鼠标指针样式。cursor 属性可以在任何选择器中使用，来改变各种页面元素的鼠标指针效果。cursor 属性常用值如表 6.7 所示。

表 6.7　cursor 属性常用值

值	说　明	图　例
default	默认光标	
pointer	超链接的指针	
wait	指示程序正在忙	
help	指示可用的帮助	
text	指示文本	
crosshair	鼠标呈现十字状	

cursor 属性的值有许多，根据页面制作的需要来选择使用合适的值即可。但是在实际网页制作中，常用的属性只有 pointer，它通常用于设置按钮的鼠标形状，或者设置某些文本在鼠标悬浮时的形状。例如，当鼠标移至示例 6.5 页面中没有加超链接文本上时，鼠标呈现手状，则需要为页面中<span>标签增加如下所示 CSS 代码。

```
span{cursor:pointer;}
```

在浏览器查看页面的效果如图 6.12 所示，当鼠标移至文本“38gx1 包 ¥1.18”上时，鼠标变成了手状。

图 6.12　鼠标形状

6.3 使用CSS设置背景样式

Note

在上网时能看到各种各样的页面背景（background），有页面整体的图像背景、颜色背景，也有部分的图像背景、颜色背景等。

总之，只要浏览网页，背景在网页中无处不在，如图 6.13 所示的网页菜单导航背景、搜索按钮、图标背景，如图 6.14 所示的文字背景、标题背景、图片背景、列表背景，如图 6.15 所示的页面整体背景、按钮背景，以及如图 6.16 所示的表格背景。所有这些背景都为浏览者带来了丰富多彩的视觉感受，以及良好的用户体验。

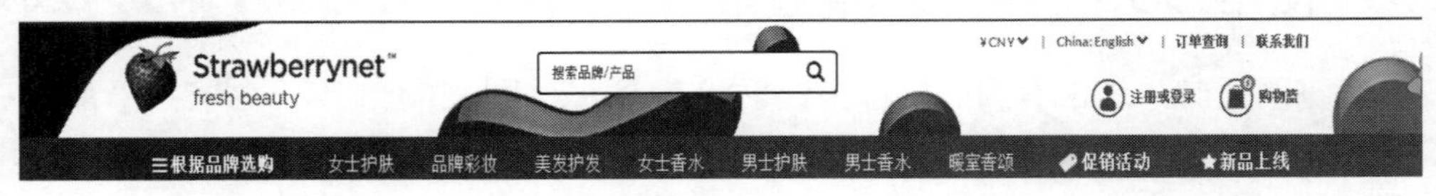

图 6.13　菜单导航背景

图 6.14　文本和列表背景

图 6.15　页面背景

姓名	性别	学历	工作岗位	就业单位	待遇	联系方式
[illegible]	[illegible]	[illegible]	[illegible]	[illegible]	[illegible]	[illegible]
梁晨	男	专科	UI设计师	北京市明曦广告公司	7000五险一金	138***8751
王飒	女	专科	UI设计师	优体网	7000五险一金	183***4460
崇博	男	本科	UI设计师	北京大承科技有限公司	7500五险一金	152***1171
刘俊霞	女	大专	UI设计师	北京凯来科技有限公司	7500五险一金	158***6431
徐晓楠	女	专科	UI设计师	北京创客悠科技有限公司	7500五险一金	188***1697
赵怡	女	专科	UI设计师	易搜国际文化传媒北京有限公司	7000五险一金	188***4786
姚坤	女	专科	UI设计师	龙巢网	7500五险一金	188***2351
魏春雨	男	专科	UI设计师	东方皓歌北京国际文化传媒有限公司	8000五险一金	188***7578
李海鹏	男	专科	UI设计师	乐节惠爱北京文化创意北京创意有限公司	6000加提成	188***3699
王秀丽	女	专科	UI设计师	安博京翰教育一对一	7000五险一金	188***2555
班建涛	女	专科	UI设计师	北京至诚至美文化发展有限公司	7500五险一金	130***7753
刘淑翠	女	专科	UI设计师	北京鹏图设计广告设计公司	7500五险一金	188***7875
罗丽娜	女	专科	UI设计师	北京时代弄潮文化发展有限公司	8000五险一金	188***5252

图 6.16 表格背景

通过上面的几个页面展示，可以看到背景是网页中最常用的一种技术，无论是单纯的背景颜色，还是背景图像，都能为整体页面带来丰富的视觉效果。既然背景如此重要，那么下面就详细介绍背景在网页中的应用。

6.3.1 认识<div>标签

<div>标签可以把 HTML 文档分割成独立的、不同的部分，因此使用<div>标签来进行网页布局。与<p>标签一样，<div>标签也是成对出现的，语法如下：

```
<div>网页内容…···</div>
```

一对没有添加内容和 CSS 样式的<div>标签，在编辑器中独占一行。只有在使用了 CSS 样式后，对它进行美化，它才能像书籍、杂志版面的信息块那样，对网页进行排版，制作出各式各样的网页布局来。此外，在使用<div>标签布局页面时，它可以嵌套<div>标签，同时也可以嵌套列表、段落等各种网页元素。

本章将认识如何使用 CSS 中控制网页元素宽（width）和高（height）的两个属性。这两个属性的值均以数字表示，单位为 px。例如，设置页面中 class 名称为 header 的<div>的宽和高，代码如下所示。

```
.header {
        width:200px;
        height:280px;
}
```

6.3.2 背景属性

在网页中，背景包括背景颜色（background-color）和背景图像（background- image）两种方式。

Note

1. 背景颜色

在 CSS 中，使用 background-color 属性设置字体、<div>标签、列表等网页元素的背景颜色时，与 color 属性一样，也是用十六进制的方法表示背景颜色值，但是它有一个特殊值——transparent，即透明的意思，它是 background-color 属性的默认值。

理解了 background-color 属性的用法，现在制作某购物网站的商品分类导航，导航标题和导航内容使用不同的颜色显示，页面的 HTML 代码和 CSS 代码如示例 6.6 所示。

示例 6.6：

```
<!DOCTYPE html>
<html>
    <head>
        <meta charset="UTF-8">
        <title>新迈尔</title>
    </head>
    <body>
        <div class="wrap">
            <h1>商品分类</h1>
            <ul>
                <li>
                    <a href="">女装</a>
                    <a href="">男装 3</a>
                    <a href="">内衣</a>
                </li>
                <li>
                    <a href="">鞋靴</a>
                    <a href="">箱包</a>
                    <a href="">配件</a>
                </li>
                <li>
                    <a href="">童装</a>
                    <a href="">孕产</a>
                </li>
                <li>
                    <a href="">家电</a>
                    <a href="">数码</a>
                    <a href="">手机</a>
                </li>
                <li>
                    <a href="">美妆</a>
                    <a href="">洗护</a>
                    <a href="">保健品</a>
                </li>
                <li>
                    <a href="">珠宝</a>
                    <a href="">眼镜</a>
                    <a href="">手表</a>
                </li>
                <li>
```

```
                <a href="">运动</a>
                <a href="">户外</a>
                <a href="">乐器</a>
            </li>
        </ul>
    </div>
</body>
</html>
```

在浏览器中的效果如图 6.17 所示，导航背景颜色为红色，导航内容背景色为橘色。

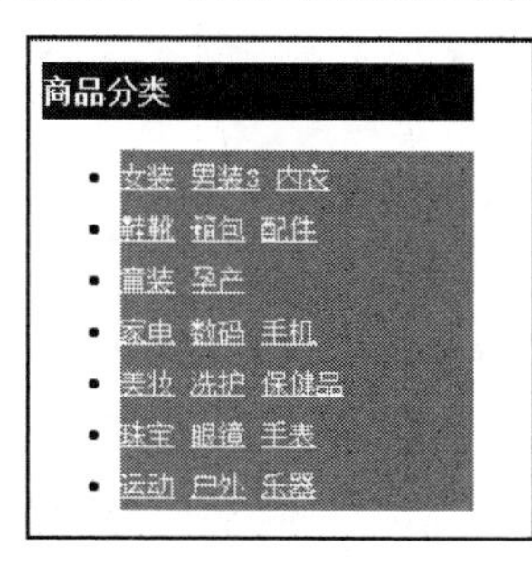

图 6.17　背景颜色页面效果

2. 背景图像

在网页中不仅能为网页元素设置背景颜色，还可以使用图片设置为某个元素的背景，如整个页面的背景使用一张图片设置，方法是 background-image:url(图片路径);。

在实际工作中，图片路径通常写相对路径；此外，background-image 还有一个特殊的值，即 none，表示不显示背景图像，只是实际工作中很少用。

CSS 中使用 background-image 属性设置网页元素的背景图像。

在网页中设置背景图像时，通常会有背景重复（background-repeat）和背景定位（background-position）两个属性一起使用，下面详细介绍这两个属性。

（1）背景重复方式

当只设置 background-image 属性时，背景图像默认自动向水平和垂直两个方向重复平铺。如果不希望图像平铺，或者只希望图像沿着一个方向平铺，使用 background-repeat 属性来控制，该属性有 4 个值来实现不同的平铺方式。

☑　repeat：沿水平和垂直两个方向平铺。

☑　no-repeat：不平铺，即背景图像只显示一次。

☑　repeat-x：只沿水平方向平铺。

☑　repeat-y：只沿垂直方向平铺。

在实际工作中，repeat 通常用于较小图片平铺整个页面的背景或铺平页面中某一块内容的区域；no-repeat 通常用于小图标的显示或只需要显示一次的背景图像；repeat-x 横向平铺，通常用于导航背景、标题背景；repeat-y 纵向平铺，在页面制作中并不常用。如图 6.18 所示的网页中，页面导航使用渐变蓝色的背景横向平铺；左侧菜单背景的小图标背景均显示一次。

Note

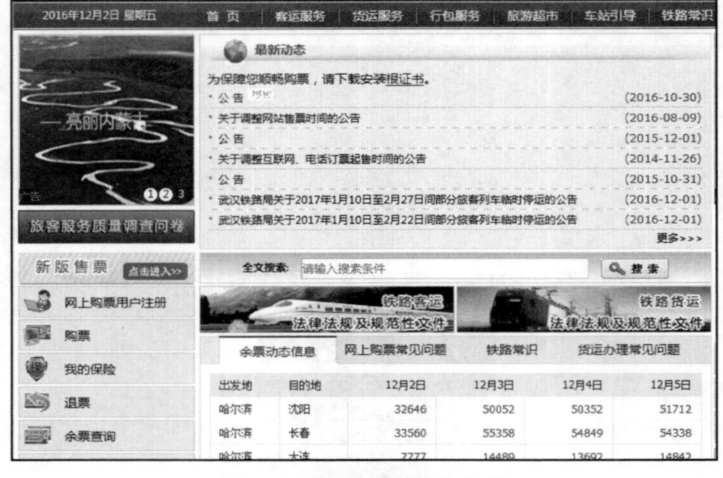

图 6.18　背景图像重复方式

（2）背景定位

在 CSS 中，使用 background-position 属性来设置图像在背景中的定位。背景图像默认从被添加网页元素的左上角开始显示，但也可以使用 background-position 属性设置背景图像出现的位置，即背景出现一定的偏移量。可以使用具体数值、百分比、关键词 3 种方式表示水平和垂直方向的偏移量，如表 6.8 所示。

表 6.8　background-position 属性对应的取值

值	含　义	示　例
Xpos Ypos	使用像素值表示，第一个值表示水平位置，第二个值表示垂直位置	（1）0px　0px（默认，表示从左上角出现背景图像，无偏移） （2）30px　40px（正向偏移，图像向下和向右移动） （3）-50px　-60px（反向偏移，图像向上和向左移动）
X%　Y%	使用百分比表示背景的位置	30%　50%（垂直方向居中，水平方向偏移 30%）
X、Y 方向关键词	使用关键词表示背景的位置，水平方向的关键词有 left、center 和 right，垂直方向的关键词有 top、center 和 bottom	使用水平和垂直方向的关键词进行自由组合，如省略，则默认为 center。例如： right　top（右上角出现） left　bottom（左下角出现） top（上方水平居中位置出现）

通过对设置背景图像位置的了解，现在为上面完成的商品分类导航添加背景图标、为导航标题右侧添加向下指示的三角箭头、为每行的导航菜单添加向右指示的三角箭头，HTML 代码不变，在 CSS 中添加背景图像样式，添加的代码如示例 6.7 所示。

示例 6.7：

```
.wrap{
    width: 220px;
}
```

```
.wrap h1{
        height:30px;
        background: #FF0030;
        line-height:30px;
        font-size:16px;
        color: #FFF;
        background-image:url(../img/arrow-down.gif);
        background-repeat:no-repeat;
        background-position:190px 10px;
}
.wrap li{
        background: #F98A70;
        line-height:26px;
        background-image:url(../img/arrow-right.gif);
        background-repeat:no-repeat;
        background-position:150px 2px;
}
.wrap li a{
        color: #FFF;
        font-size: 14px;
}
```

在浏览器中查看添加了背景图标的页面效果如图 6.19 所示。

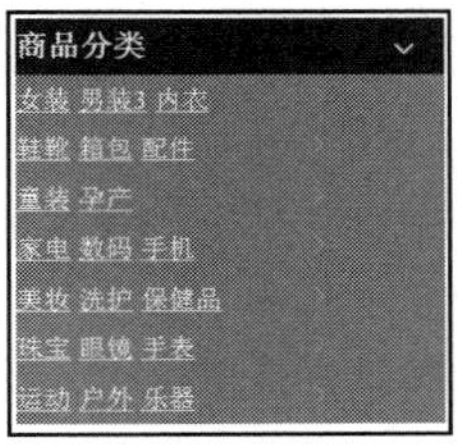

从上述代码中可以看到，使用 background 属性可以减少许多代码，在后期的 CSS 代码维护中会非常方便，因此建议使用 background 属性来设置背景样式。

图 6.19 背景图像页面效果图

6.3.3 设置超链接背景

超链接是网页中最基本的元素，任何页面的跳转、提交都会用到超链接。为了使超链接元素更加美观，CSS 使用背景颜色或背景图像的方式设置超链接背景，常用的有如图 6.20 所示的按钮背景图像和如图 6.21 所示的导航菜单超链接，这些都是网页中常用到背景样式。由于设置按钮背景样式和导航菜单背景样式需要用到盒子模型属性、浮动或其他 CSS 属性，因此将在后面的章节中详细介绍这两种设置背景样式的方法。

图 6.20 按钮背景

图 6.21 导航菜单超链接背景

6.4 使用 CSS 设置列表样式

网页中当遇到一条一条的新闻或是很多条数据的情况下，就会用到列表的形式。例如，横向导航菜单、竖向菜单、新闻列表、商品分类列表等，基本都是使用 ul-li 无序列表实现的，如示例 6.7 中的商品分类。但是和实际网页应用的导航菜单（如图 6.13 所示）相比，样式方面比较难看，传统网页中的菜单、商品分类使用中的列表均没有前面的圆点符号，该如何去掉这个默认的圆点符号呢？这就用到 CSS 列表属性。

CSS 列表有 4 个属性来设置列表样式，分别是 list-style-type、list-style-image、list-style-position 和 list-style。下面分别介绍这 4 个属性。

6.4.1 list-style-type

list-style-type 属性设置列表项标记的类型，常用的属性值如表 6.9 所示。

表 6.9 list-style-type 常用属性值

值	说　明	语 法 示 例	图 示 示 例
none	无标记符号	list-style-type:none;	刷牙 洗脸
disc	实心圆，默认类型	list-style-type:disc;	● 刷牙 ● 洗脸
circle	空心圆	list-style-type:circle;	○ 刷牙 ○ 洗脸
square	实心正方形	list-style-type:square;	■ 刷牙 ■ 洗脸
decimal	数字	list-style-type:decimal;	1. 刷牙 2. 洗脸

6.4.2 list-style-imag

list-style-image 属性是使用图像来替换列表项的标记，当设置了 list-style-image 后，list-style-type 属性都将不起作用，页面中仅显示图像标记。但是在实际网页制作中，为了防止个别浏览器可能不支持 list-style-image 属性，都会设置一个 list-style-type 属性以防图像不可用。例如，把某图像设置为列表中的项目标记，代码如下所示。

```
li {
    list-style-image:url(image/arrow-right.gif);
    list-style-type:circle;
}
```

6.4.3 list-style-position

list-style-position 属性设置在何处放置列表项标记，它有两个值，即 inside 和 outside。inside 表示项目标记放置在文本以内，且环绕文本根据标记对齐；outside 是默认值，它保

持标记位于文本的左侧，列表项标记放置在文本以外，且环绕文本不根据标记对齐。例如，设置项目标记在文本左侧，代码如下所示。

```
li {
    list-style-image:url(image/arrow-right.gif);
    list-style-type:circle;
    list-style-position:outside;
}
```

6.4.4　list-style

与背景属性一样，设置列表样式也有简写属性。list-style 简写属性表示在一个声明中设置所有列表的属性。list-style 简写按照 list-style-type→list-style-position→list-style-image 顺序设置属性值。例如，上面的代码可简写如下。

```
li {
    list-style:circle outside url(image/arrow-right.gif);
}
```

使用 list-style 属性设置列表样式时，可以不设置其中某个值，未设置的属性会使用默认值。例如，“list-style:circle outside;”默认没有图像标记。

在浏览网页时会发现，用到列表时很少使用 CSS 自带的列表标记，而是设计的图标，那么大家会想使用 list-style-image 属性就可以了。可是 list-style-position 属性不能准确地定位图像标记的位置，通常网页中图标的位置都是非常精确的。因此在实际的网页制作中，通常使用 list-style 或 list-style-type 设置项目无标记符号，然后通过背景图像的方式把设计的图标设置成列表项标记。所以在网页制作中，list-style 和 list-style-type 两个属性是经常用到的，而另两个属性则不太常用，这里牢记 list-style 和 list-style-type 的用法即可。

现在用所学的 CSS 列表属性修改示例 6.6，把商中分类中前面默认列表符号去掉，并且使用背景图像设置列表前的背景小图片。由于 HTML 代码没有变，现在仅需要修改 CSS 代码，代码如示例 6.8 所示。

示例 6.8：

```
#nav {
    width:230px;                          /*最外层<div>的宽度*/
    background-color:#D7D7D7;             /*最外层<div>背景颜色*/
}
.title {
    background-color:#C00;
    font-size:18px;
    font-weight:bold;
    color:#FFF;
    text-indent:1em;
    line-height:35px;
    background-image:url(../img/arrow-down.gif);
    background-repeat:no-repeat;
    background-position:205px 10px;
```

Note

```
}
#nav ul li {
      height:30px;
      line-height:25px;
      background-image:url(../img/arrow-right.gif);
      background-repeat:no-repeat;
      background-position:170px 2px;
}
```

在浏览器中查看的页面效果如图 6.22 所示，列表前已无默认的列表项标记符号。列表前显示了设计的小三角图标，通过代码可以精确地设置小三角的位置。

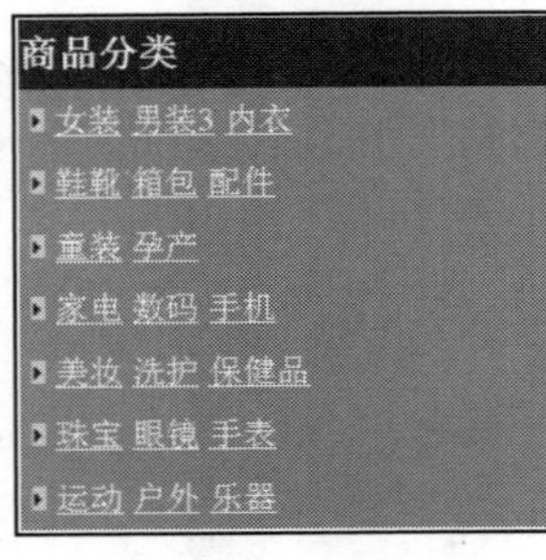

图 6.22　列表样式效果图

6.5　技能训练

1. 制作“新浪最新消息”

需求说明：

利用学过的标题标签和列表制作如图 6.23 所示的新浪最新消息页面。

（1）标题和消息列表文字颜色为蓝色（#1F3B7B）。

（2）标题字体大小为 34px，加粗显示，有下边框。

（3）消息列表文字大小为 14px，行距为 24px；鼠标滑过又下划线、文字颜色为红色（#8D0000）。

2. 制作新迈尔-热点新闻页

需求说明：

制作如图 6.24 所示的热点新闻页面，页面要求如下。

（1）标题字体大小为 24px，字体为楷体，居中加粗显示。

（2）发布时间，字体大小为 12px，颜色值为#949393，居中显示。

（3）文本段落字大小为 14px，行高为 20px，首行缩进两个字符。

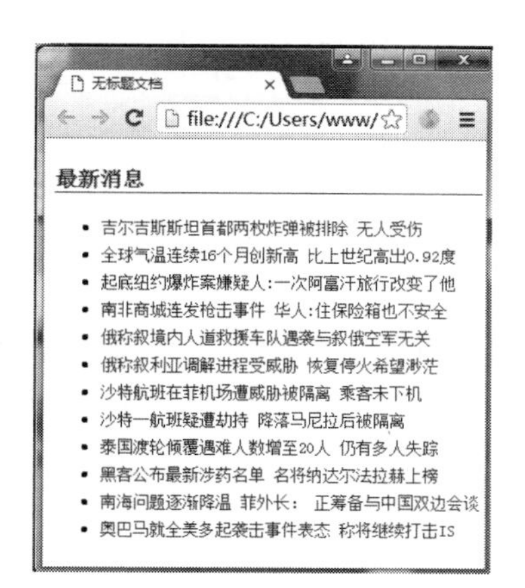

图 6.23　新浪最新消息

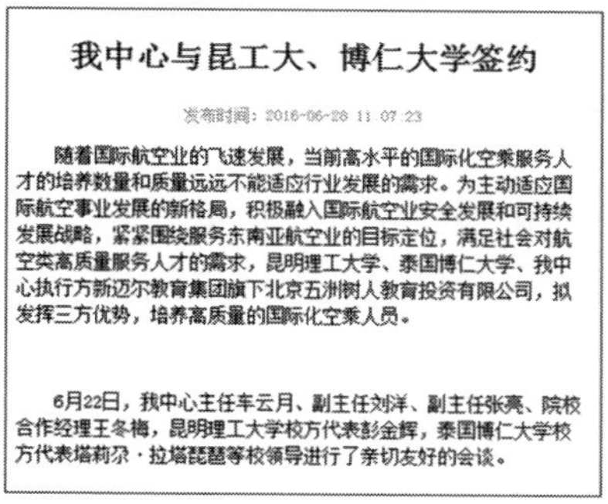

我中心与昆工大、博仁大学签约

发布时间：2016-06-28 11:07:23

随着国际航空业的飞速发展，当前高水平的国际化空乘服务人才的培养数量和质量远远不能适应行业发展的需求。为主动适应国际航空事业发展的新格局，积极融入国际航空业安全发展和可持续发展战略，紧紧围绕服务东南亚航空业的目标定位，满足社会对航空类高质量服务人才的需求，昆明理工大学、泰国博仁大学、我中心执行方新迈尔教育集团旗下北京五洲树人教育投资有限公司，拟发挥三方优势，培养高质量的国际化空乘人员。

6月22日，我中心主任车云月、副主任刘洋、副主任张亮、院校合作经理王冬梅，昆明理工大学校方代表彭金辉，泰国博仁大学校方代表塔莉尕·拉塔琵琶等校领导进行了亲切友好的会谈。

图 6.24　热点新闻

3. 制作宠物狗狗页面

需求说明：

制作如图 6.25 所示的宠物狗狗页面，页面要求如下。

（1）页面中所有字体颜色值为#9C2F06。

（2）标题字体大小为 18px，行距 40px，加粗显示。

（3）正文内容字体大小为 12px，行距 20px；图片与文本居中对齐显示。

（4）使用外部样式表创建页面样式。

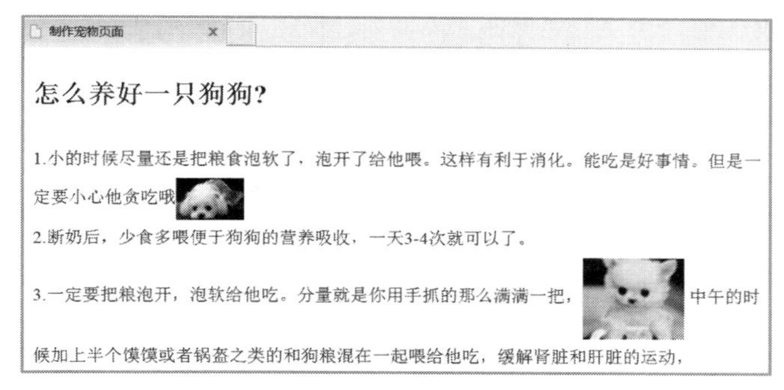

图 6.25　宠物狗狗

4. 制作新闻详情页

需求说明：

制作如图 6.26 所示的新迈尔新闻详情页面，页面要求如下。

（1）标题字体大小为 18px，行距 40px，加粗显示。

（2）新闻内容每段的首行缩进两个汉字，行距 20px。

（3）使用外部样式表创建页面样式。

5. 制作电器分类页面

需求说明：

制作如图 6.27 所示的家用电器分类页面，页面要求如下。

（1）标题字体大小为 18px、白色、加粗显示，行距为 35px；背景为黄色（#FCDD72）向内缩进一个字符。

（2）电器分类字体大小为 14px、加粗显示，行距为 30px，背景为浅黄色（#FEF89B），电器分类超链接字体颜色为蓝色（#0F7CBF），无下划线，当鼠标悬浮于超链接上时出现下划线。

（3）分类内容字体大小为 12px，行距 20px，超链接字体颜色为灰色（#666666）、无下划线，当鼠标悬浮于超链接上时字体颜色为棕红色（#F60），并且显示下划线。

图 6.26　新闻详情页

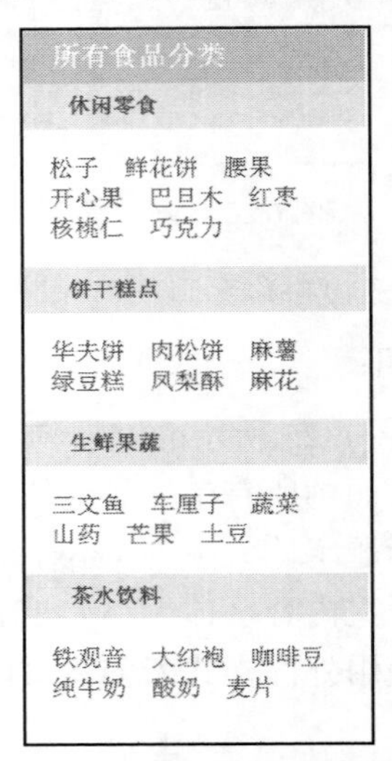

图 6.27　所有食品分类页面

本 章 总 结

☑　CSS 对网页文本的设置。

☑　CSS 中伪类的使用和设置鼠标滑过文本或图片的形状。

☑　CSS 对网页元素背景的设置。

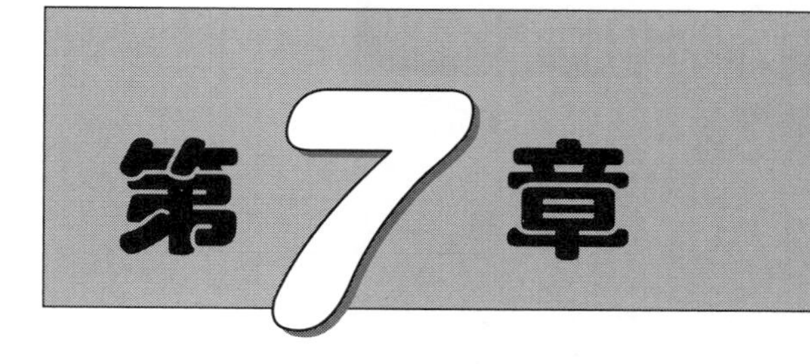

盒子模型

本章简介

HTML 中的每一个元素都可以理解为是一个盒子。因此，HTML 页面实际上就是由一堆盒子组成的。默认情况下，每个盒子的边框不可见、背景也是透明的，所以不能直接看到页面中盒子的结构。使用浏览器的 Web Developer 工具条可以方便地显示出盒子，从而能从另外一个角度来审视页面的构成。掌握了盒子模型的概念及用法，再看网上的页面时，会惊奇地发现，盒子模型在网页上的应用无处不在。

盒子模型是 CSS 控制页面的一个很重要的概念。只要用到 DIV 布局页面，那么必然会用到盒子模型的知识。所以掌握了盒子模型的属性及用法，才能真正地控制好页面中的各个元素。

本章主要介绍盒子模型的基本概念，盒子模型的边框、内边距和外边距，以及它们在网页中的实际应用，最后介绍标准文档流和 display 属性在网页中的用法。

本章工作任务

- 制作注册页面
- 制作商品分类模块
- 制作课程导航模块

本章技能目标

- 理解盒子模型及其构成
- 会使用盒子属性美化网页元素
- 会计算盒子模型尺寸

➢ 理解标准文档流及其组成和特点
➢ 会使用 display 属性设置元素显示方式

Note

背诵英文单词

请在预习时找出下列单词在本章中的用法，了解它们的含义和发音，并填写于横线处。

border____________________
margin____________________
padding___________________
display___________________
block_____________________
none______________________
inline____________________

预习并回答以下问题

1. 如何设置一个<li>标签下边框的样式为 1px 的蓝色虚线？
2. 如何计算盒子模型的总尺寸？
3. 如何在 CSS 中设置一个元素在页面中不显示？

7.1 盒子模型

设计网页过程中经常听到的属性名：内容（content）、填充（padding）、边框（border）和边界（margin），CSS 和模型都具备这些属性。可以把这些属性转移到日常生活中的盒子（箱子）上来理解，日常生活中所见的盒子也就是能装东西的一种箱子，也具有这些属性，所以称为盒子模型。CSS 盒子模型是在网页设计中经常用的 CSS 技术所使用的一种思维模型。在控制页面方面，盒子模型有着至关重要的作用，熟练掌握盒子模型及其属性，是控制页面中每个 HTML 元素的前提。

7.1.1 盒子模型的概念

盒子的概念在生活中随处可见。如图 7.1 所示的化妆品包装盒，化妆品是最终运输的物品，四周一般会添加用于抗震的填充材料，填充材料的外层是包装用的纸壳。

在 CSS 中，所有的页面元素都包含在一个矩形框内，称为盒子。盒子模型是由 margin（外边框）、border（边框）、padding（内边框）和 content（内容）几个属性组成的。此外，在盒子模型中，还具备高度和宽度两个辅助属性。盒子模型平面结构如图 7.2 所示。

图 7.1　生活中的盒子模型

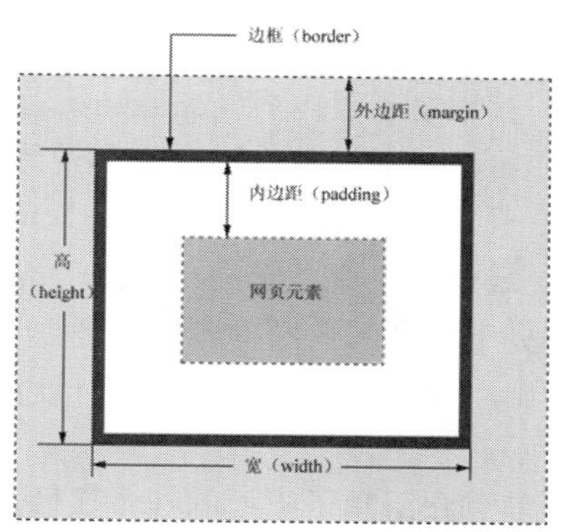

图 7.2　盒子模型平面结构图

CSS 中盒子模型的概念与此类似，CSS 将网页中所有元素都看成一个个盒子。图 7.3 所示的网页中显示一幅图片，它被放在一个<div>中，<div>设置了一个背景色和一个虚边线，里面的图片与<div>的边沿有一定的距离，并且<div>与浏览器的边沿也有一定的距离，这些距离与<div>、图片就构成了一个网页中的盒子模型结构。也就是说，<div>虚线、<div>与浏览器的距离和<div>与图片的距离就是由于盒子模型的属性形成的。盒子模型属性有边框、内边距和外边距。

由以上可以看出，盒子模型包含如下 4 个部分。

☑　content（内容）：是盒子模型中必需的一部分，可以是文字、图片等元素。

☑　padding（空白）：也称内边距或补白，用来设置内容和边框直接的距离。

☑　border（边框）：可以设置内容边框线的粗细、颜色和样式等。

☑　margin（边界）：外边距，用来设置内容与内容之间的距离。

一个盒子的实际高度（宽度）是由 content + padding + border + margin 组成的。在 CSS 中，可以通过设定 width 和 height 来控制 content 的大小，并且对于任何一个盒子，都可以分别设定 4 条边的 border、padding 和 margin。

盒子模型除平面结构图外，还包括三维的立体结构图，如图 7.4 所示，从上往下看，它表示的层次关系依次如下。

图 7.3　网页中的盒子

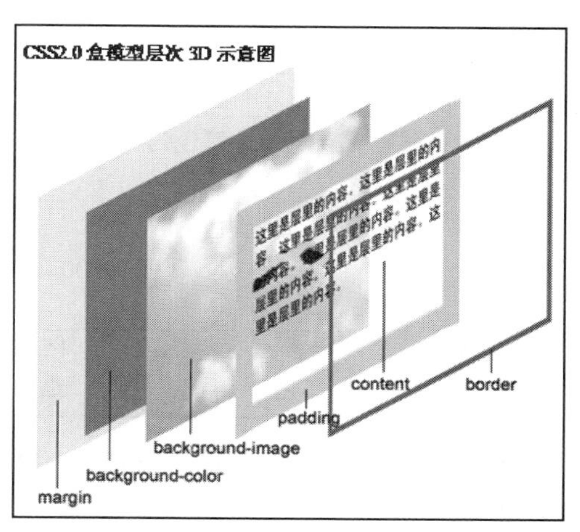

图 7.4　盒子模型的三维立体结构示意图

（1）首先是盒子的主要标识：边框（border），位于盒子第一层。

（2）其次是元素内容（content）、内边距（padding），两者同位于第二层。

（3）再次是前面着重讲解的背景图（background-image），位于第三层。

（4）背景色（background-color）位于第四层。

（5）最后是整个盒子的外边距（margin）。

在网页中看到的页面内容，都是盒子模型的三维立体结构多层叠加的最终效果，从这里可以看出，若对某个页面元素同时设置背景图像和背景颜色，则背景图像将在背景颜色的上方显示。

下面重点介绍盒子模型的几个属性。在以后的页面制作中，能够游刃有余地应用这些属性，制作出精美的网页。

7.1.2　边框

边框（border）有 3 个属性，分别是 color（颜色）、width（粗细）和 style（样式）。网页中设置边框样式时，常常需要将这 3 个属性很好地配合起来，才能达到良好的页面效果。在使用 CSS 设置边框的时候，分别使用 border-color、border-width 和 border-style 设置边框的颜色、粗细和样式。

1. border-color

border-color 的设置方法与文本的 color 属性或背景颜色 background-color 属性完全一样，也是使用十六进制设置边框的颜色，如红色为#FF0000。

由于盒子模型分为上、下、左、右 4 个边框，所以在设置边框颜色时，按上下左右的顺序或同时设置 4 个边框的颜色。border-color 属性的设置方式如表 7.1 所示。

表 7.1　border-color 属性设置方法

属　性	说　明	示　例
border-top-color	设置上边框颜色	border-top-color:#369;
border-right-color	设置右边框颜色	border-right-color:#369;
border-bottom-color	设置下边框颜色	border-bottom-color:#FAE45B;
border-left-color	设置左边框颜色	border-left-color:#EFCD56;
border-color	设置 4 个边框为同一颜色	border-color:#EEFF34;
	上下边框颜色为#369 左右边框颜色为#000	border-color:#369 #000;
	上边框颜色为#369 左、右边框颜色为#000 下边框颜色为#F00	border-color:#369 #000 #F00;
	上、右、下、左边框颜色分别为#369、#000、#F00、#00F	border-color:#369 #000 #F00 #00F;

使用 border-color 属性同时设置 4 条边框的颜色时，设置顺序按顺时针方向“上、右、下、左”设置边框颜色，属性值之间，以空格隔开。例如，border-color:#369 #000 #F00 #00F：#369 对应上边框，#000 对应右边框，#F00 对应下边框，#00F 对应左边框。

Note

2. border-width

border-width 用来指定 border 的粗细程度，它的值有 thin、medium、thick 和像素值。

☑　thin：设置细的边框。

☑　medium：默认值，设置中等的边框，一般的浏览器都将其解析为 2px。

☑　thick：设置粗的边框。

☑　像素值：表示具体的数值，自定义设置边框的宽度，如 1px 和 5px 等，使用像素为单位设置 border 粗细程度，是网页中最常用的一种方式。

与 border-color 属性一样，border-width 属性既可以分别设置 4 个边框的粗细，也可以同时设置 4 个边框的粗细。下面以像素值设置为例，具体设置方法如表 7.2 所示。

表 7.2　border-width 属性设置

属　　性	说　　明	示　　例
border-top-width	设置上边框粗细为 5px	border-top-width:5px;
border-right-width	设置右边框粗细为 10px	border-right-width:10px;
border-bottom-width	设置下边框粗细为 8px	border-bottom-width:8px;
border-left-width	设置左边框粗细为 22px	border-left-width:22px;
border-width	4 个边框粗细都为 5px	border-width:5px;
	上下边粗细为 20px 左右边粗细为 2px	border-width:20px 2px;
	上边框粗细为 5px 左右边框粗细为 1px 下边框粗细为 6px	border-width:5px 1px 6px;
	上、右、下、左边框粗细分别为 1px、3px、5px 、2px	border-width:1px 3px 5px 2px;

3. border-style

border-style 属性用来指定边框的样式，它的值有 none、hidden、dotted、dashed、solid、double、groove、ridge 和 outset 等，其中 none、dotted、dashed、solid 是在实际网页制作中经常用到的值。none 表示无边框，dotted 表示为点线边框，dashed 表示虚线边框，solid 表示实线边框。由于 dotted 和 dashed 在大多数浏览器中显示的为实线，因此在实际网页应用中，为了浏览器之间的兼容性，常用的值基本为 none 和 solid。其他值的用法在这里不再详细讲解。

与 border-color 和 border-width 一样，border-style 属性也是既可以分别设置 4 个边框的样式，也可以同时设置 4 个边框的样式。border-style 具体设置方法如表 7.3 所示。

表 7.3　border-style 属性设置方法

属　　性	说　　明	示　　例
border-top-style	设置上边框为实线	border-top-style:solid;
border-right-style	设置右边框为实线	border-right-style:solid;
border-bottom-style	设置下边框为实线	border-bottom-style:solid;
border-left-style	设置右边框为实线	border-left-style:solid;

续表

属　　性	说　　明	示　　例
border-style	设置 4 个边框均为实线	border-style:solid;
	上下边框为实线 左右边框为点线	border-style:solid dotted;
	上边框为实线 左右边框为点线 下边框为虚线	border-style:solid dotted dashed;
	上、右、下、左边框分别为实线、点线、虚线、双线	border-style:solid dotted dashed double;

Note

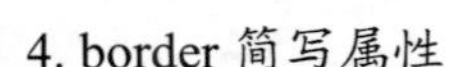

4. border 简写属性

以上讲解了边框的 border-color、border-width、border-style 这 3 个属性的设置方法，掌握了使用这 3 个属性设置边框的颜色、粗细和样式。其实在实际的网页制作中，通常使用 border-top、border-right、border-bottom 和 border-left 来单独设置各个边框的样式。例如，设置某网页元素的下边框为红色、9px、虚线显示，代码如下。

```
border-bottom: 9px #F00 dashed;
```

同时设置 3 个属性时，border-color、border-width、border-style 顺序没有限制，可以任意顺序设置，但是通常的顺序为粗细、颜色和样式。

如果 4 个边框的样式相同，需要同时设置 4 个边框的样式，直接使用 border 属性设置 4 个边框的样式，代码如下所示。

```
border: 9px #F00 dashed;
```

这句代码表示某网页元素的 4 个边框均为红色、9px、虚线显示。同时设置 4 个边框的 3 个属性时，这 3 个属性的顺序也没有限制，并且使用 border 同时设置 4 个边框的样式也是网页制作中经常用到的方法。

上网的时候，可以看到注册、登录、问卷调查页面中的文本输入框的样式都是经过美化的，有时提交、注册按钮也是使用图片，这些都是使用了 border 属性。下面学习 border 属性的用法，制作一个注册页面，代码如示例 7.1 所示。

示例 7.1：

```
<!DOCTYPE html>
<html>
    <head>
        <meta charset="GB2312" />
        <title>购票页面</title>
        <link href="css/style.css" rel="stylesheet" type="text/css" />
    </head>
    <body>
        <div class="regist">
            <h1>购票页面</h1>
            <form action="" method="post" name="myform">
```

```
                    <table width="100%" border="0" cellspacing="0" cellpadding="0">
                        <tr>
                            <td class="leftTitle">姓名：</td>
                            <td><input name="user" type="text"    class="textInput"/></td>
                        </tr>
                        <tr>
                            <td class="leftTitle">邮箱：</td>
                            <td><input name="email" type="text"    class="textInput"/></td>
                        </tr>
                        <tr>
                            <td class="leftTitle">联系电话：</td>
                            <td><input name="tel" type="text"    class="textInput"/></td>
                        </tr>
                        <tr>
                            <td class="leftTitle"> </td>
                            <td><input name="" type="submit"    value=" " class="btnRegist"/></td>
                        </tr>
                    </table>
                </form>
            </div>
        </body>
</html>
```

使用 CSS 设置 id 为 regist 的<div>的边框样式为 1px、蓝色、实线，标题背景颜色为蓝色，注册内容背景颜色为浅蓝色，文本输入框的边框样式为 1px、深灰色、实线，同时设置注册按钮以背景图片的方式显示，并且鼠标移至按钮上时显示手状，CSS 代码如下所示。

```
.regist {
    width:230px;
    border:1px #3A6587 solid;                         /*边框样式*/
}
h1 {
    text-align:center; font-size:16px; line-height:35px; color:#FFF;
    background-color:# FCEB9B;                        /*设置标题背景颜色*/
}
.regist table {background-color:# C4FFD2;             /*设置注册内容背景颜色*/    }
.regist table td {height:28px;  font:12px "宋体";}
.leftTitle {width:80px;text-align:right;}
.textInput {
    border:1px #7B7B7B solid;                         /*设置文本输入框的样式*/
    width:130px;                                      /*设置文本输入框的宽度*/
    height:17px;                                      /*设置文本输入框的高度*/
}
.btnRegist {
    background:url(../image/btnRegist.jpg) 0px 0px no-repeat; /*设置按钮的样式*/
    width:100px;                                      /*设置按钮的宽度*/
    height:32px;                                      /*设置按钮的高度*/
    border:0px;                                       /*设置按钮边框为无*/
    cursor:pointer;                                   /*设置鼠标手状显示*/
}
```

在浏览器中查看的页面效果如图 7.5 所示，页面内容均在一个蓝色的框中，所有文本

Note

输入框的样式相同，鼠标移至注册按钮上时将显示手状。

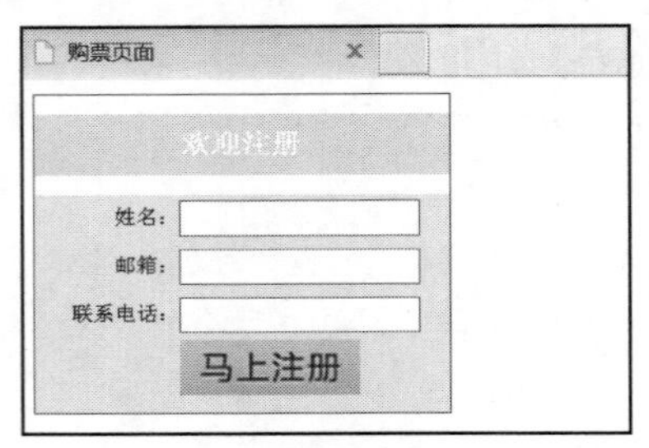

图 7.5 购票注册页面

从上面的 HTML 代码中可以看到，<h1>标签与它外层的<div>标签，以及下面的<form>标签之间均无内容，可是页面显示却出现了空隙，为什么？答案就是<h1>标签的外边距使它有了与上下内容之间的空隙，下面就开始学习外边距。

7.1.3 边距

外边距（margin）位于盒子边框外，指与其他盒子之间的距离，也就是指网页中元素与元素之间的距离。例如，图 7.5 中标题与<div>上边框之间距离，以及标题与下方表单之间的距离都是由于<h1>外边距产生的。从图中也可以看到页面内容并没有紧贴浏览器，而是与浏览器有一定的距离，这是因为<body>本身也是一个盒子，也有一个外边距，这也是由于<body>的外边距产生的。

外边距与边框一样，也分为上外边距、右外边距、下外边距、左外边距，设置方式和设置顺序也基本相同，具体属性设置如表 7.4 所示。

表 7.4 外边距属性设置方法

属 性	说 明	示 例
margin-top	设置上外边距	margin-top:1px;
margin-right	设置右外边距	margin-right:2px;
margin-bottom	设置下外边距	margin-bottom:2px;
margin-left	设置左外边距	margin-left:1px;
margin	上、右、下、左外边距分别是 3px、5px、7px、4px	margin:3px 5px 7px 4px;
	上下外边距为 3px 左右外边距为 5px	margin:3px 5px;
	上外边距为 3px 左右外边距为 4px 下外边距为 7px	margin:3px 5px 7px;
	上、右、下、左外边距均为 8px	margin:8px;

以上学习了外边距的用法，在网页制作过程中，根据页面制作需要，合理地设置外边距就可以了。

但是在实际应用中，网页中很多标签都有默认的外边距。例如，标题标签<h1>～<h6>，段落标签<p>，列表标签<ul><ol><li><dl><dt>和<dd>，页面主体标签<body>，表单标签

<form>等都有默认的外边距，并且在不同的浏览器中，这些标签默认的外边距也不一样。因此为了使页面在不同浏览器中显示的效果一样，通常在 CSS 中通过并集选择器统一设置这些标签的外边距为 0px，这样页面中不会因为外边距而产生不必要的空隙，各浏览器显示的效果也会一样。

了解了外边距的用法，现在修改上面的例子，去掉页面中的空隙。由于注册按钮与上面的文本输入框和下面边框都贴得较近，现在通过 margin 属性设置注册按钮与上下内容有一定的距离。修改后的 CSS 代码如示例 7.2 所示。

示例 7.2：

```
@charset "GB2312";
/* CSS Document */

body,h1{margin:0px;}                                    /*并集选择器*/
.regist {
    width:230px;
    border:1px #3A6587 solid;
/*margin:0px auto;*/
}
h1 {
    text-align:center;
    font-size:16px;
    background-color:#3A6587;
    line-height:35px;
    color:#FFF;
}
.regist table {
    background-color:#D4E8F7;
}
.regist table td {
    height:28px;
    font:12px "宋体";
}
.leftTitle {
    width:80px;
    text-align:right;
}
.textInput {
    border:1px #7B7B7B solid;
    width:130px;
    height:17px;
}
.btnRegist {
    background:url(../image/btnRegist.jpg) 0px 0px no-repeat;
    width:100px;
    height:32px;
    border:0px;
    cursor:pointer;
    margin:5px 0px;
}
```

Note

在浏览器中查看的页面效果如图 7.6 所示，<body>和<h1>产生的外边距已去掉，而且注册按钮的上下产生了 5px 的外边距，使它与其他内容之间有一定的距离，使页面看起来更舒服。

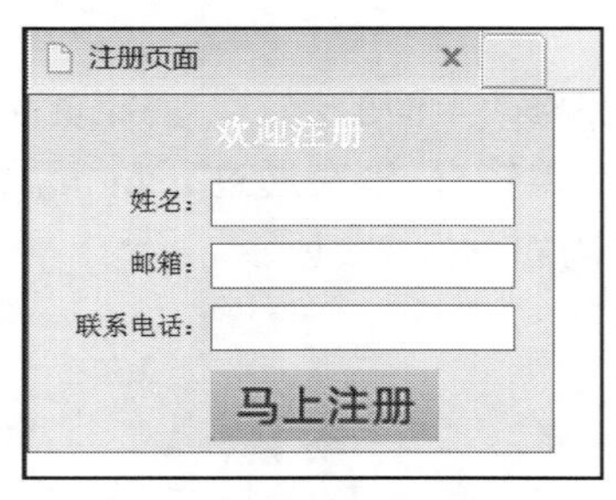

图 7.6　去掉外边距的效果图

从图 7.6 中可以看到，页面内容在浏览器的左上角开始显示，而实际上，大家在浏览网页时会发现，大多数网页内容都是在浏览器中间显示，在 CSS 中，margin 属性除了使用像素值设置外边距之外，还有一个特殊值——auto，这个值通常用在设置盒子在它父容器中居中显示时才使用。例如，设置图 7.6 中页面内容居中显示，在 class 为 regist 的 DIV 样式中增加居中显示样式，代码如下所示。

```
.regist {
    width:230px;
    border:1px #3A6587 solid;
    margin:0px auto;    /*上、下外边距为 0px,左、右外边距自动*/
}
```

在浏览器中查看页面效果，如图 7.7 所示，页面内容距浏览器上下边为 0px，左右居中显示。

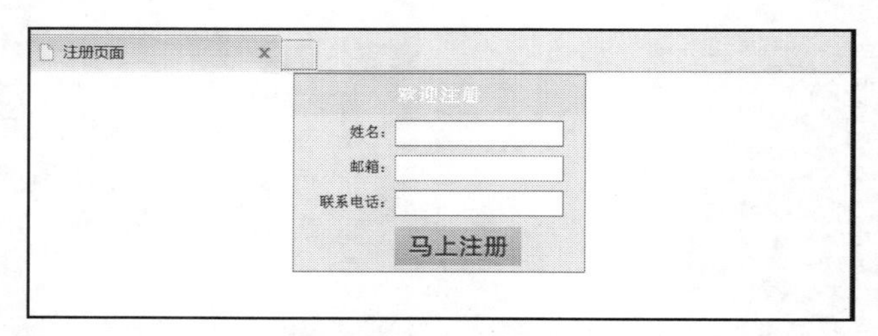

图 7.7　居中显示的页面效果

7.1.4　内边距

内边距（padding）用于控制内容与边框之间的距离，以便精确控制内容在盒子中的位置。内边距与外边距一样，也分为上内边距、右内边距、下内边距、左内边距，设置方式和设置顺序也基本相同，具体属性设置如表 7.5 所示。

表 7.5　内边距属性设置方法

属　性	说　明	示　例
padding-left	设置左内边距为 10px	padding-left:10px;

Note

续表

属　　性	说　　明	示　　例
padding-right	设置右内边距为 5px	padding-right:5px;
padding-top	设置上内边距为 20px	padding-top:20px;
padding-bottom	设置下内边距为 8px	padding-bottom:8px;
padding	上、右、下、左内边距分别为 20px、5px、8px、10px	padding:20px 5px 8px 10px;
	上下内边距为 10px 左右内边距为 5px	padding:10px 5px;
	上内边距为 30px 左右内边距为 8px 下内边距为 10px	padding:30px 8px 10px;
	上、右、下、左内边距均为 10px	padding:10px;

回想第 6 章讲解的“全部商品分类”显示的例子，它的列表内容与左侧边框就有一段距离，如图 7.8 所示。

现在使用学习过的 padding 属性，设置列表内边距为 0px，设置页面内容居中显示，同时对于页面中能够产生外边距的元素统一使用并集选择器设置其外边距为 0px。由于 HTML 代码没有改变，这里仅修改 CSS 代码，关键代码如示例 7.3 所示。

示例 7.3：

```
body,ul,li{padding:0px; margin:0px;}                /*并集选择器,统一设置内外边距为 0px*/
.wrap {
    width:220px;
    margin:0px auto;                                /*页面居中显示*/
}
```

在浏览器中查看页面效果如图 7.9 所示，列表内容居左显示，内边距没有了，并且页面内容居中显示。

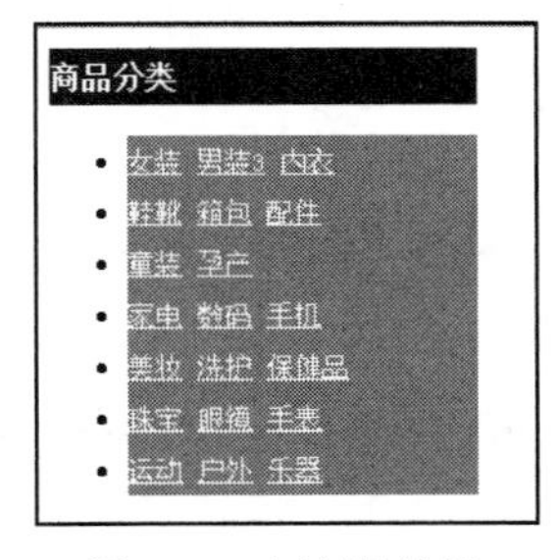

图 7.8　内边距效果

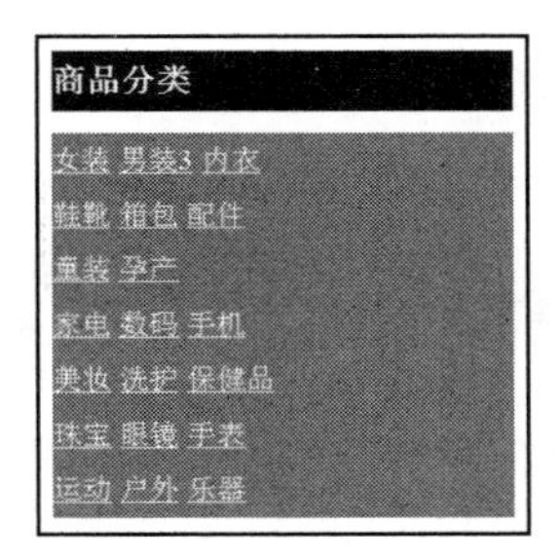

图 7.9　消除内外边距的效果

7.1.5　盒子模型的尺寸

刚开始使用 DIV+CSS 制作网站的时候，可能有不少人会因为页面元素没有按预期的在同一行显示，而是折行了，或是将页面撑开了，而感到迷惑。导致页面元素折行显示，

Note

或撑开页面的原因，主要还是由于盒子尺寸问题，下面就来详细介绍盒子模型尺寸。

在 CSS 中，width 和 height 属性指的是内容区域的宽度和高度。增加了边框、内边距和外边距后不会影响内容区域的尺寸，但是会增加盒子模型的总尺寸。

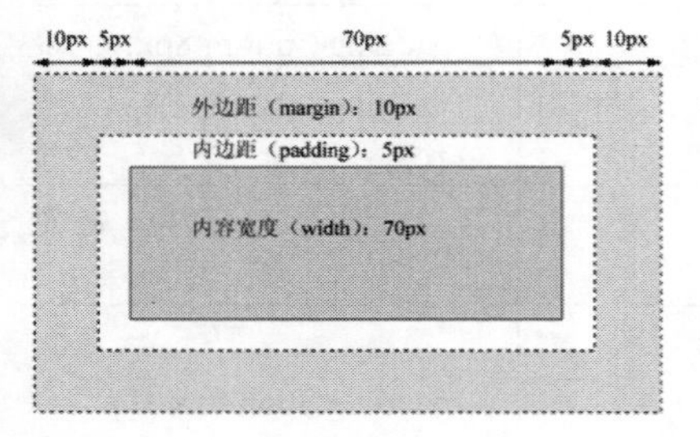

图 7.10　盒子模型尺寸

假设盒子的每个边上有 10px 的外边距和 5px 的内边距，如果希望这个盒子宽度总共达到 100px，就需要将内容的宽度设置为 70px，如图 7.10 所示。

如果在上述条件的基础上，再为盒子左右各增加 1px 的边框，要是盒子总尺寸还是 100px，内容宽度又该设置为多少像素呢？根据以上讲述的内容不难看出，应该将内容的宽度设置为 68px，从而可以得出盒子模型总尺寸是内容宽度、外边距、内边距和边框的总和。盒子模型的计算方法如下所示。

盒子模型总尺寸=border-width+padding+margin+内容宽度

在精确布局的页面中，盒子模型总尺寸的计算，显得尤为重要，因此，一定要掌握它的计算方法。

7.2　标准文档流

标准文档流，简称“标准流”，是指在不使用其他的排版和定位相关的特殊 CSS 规则时，各种元素的排列规则，即 CSS 规定的网页元素默认的排列方式。

1. 块级元素

从前面学习过的列表可以知道，每个<li>标签都占据着一个矩形的区域，并且和相邻的<li>标签依次竖直排列，不会排在同一行中。与<li>标签一样，<ul>标签也具有同样的性质，因此这类元素称为“块级元素”（block level）。它们总是以一个块级形式表现出来，并且跟同级的兄弟块依次竖直排列，左右撑满，如前面学习过的标题标签、段落标签、<div>标签都是块级元素。

2. 内联元素

对于文字这类元素，各个字母之间横向排列，到最右端自动折行，这就是另一种元素，称为“内联元素”（inline）。

例如，<span></span>标签就是一个典型的内联元素，这个标签本身不占有独立的区域，仅仅在其他元素的基础上指定了一定的范围。再如，最常用的<a><img/>和<strong>标签都是内联元素。

由此可知，块级元素独占一行，拥有自己的区域，而内联元素则没有自己的区域，那么除这个区别，它们之间还有其他的区别吗？

根据以前学过的关于<span>和<div>标签的知识可以知道，<span>标签可以包含于<div>标签中，成为它的子元素，而反过来则不成立。从<div>和<span>标签之间的区别，

就可以更深刻地理解块级元素和内联元素的区别。

通过前面的讲解，已经知道标准文档流有两种元素：一种是以<div>标签为代表的块级元素，还有一种是以<span>标签为代表的内联元素。

事实上，对于这些标签还有一个专门的属性来控制元素的显示方式，是像<div>标签那样块状显示，还是像<span>标签那样行内显示，这个属性就是 display 属性。

在 CSS 中，display 属性用于指定 HTML 标签的显示方式，它的值有许多个，但是网页中常用的只有 3 个，如表 7.6 所示。

表 7.6　display 属性常用值

值	说　明
block	块级元素的默认值，元素会被显示为块级元素，该元素前后会带有换行符
inline	内联元素的默认值，元素会被显示为内联元素，该元素前后没有换行符
none	设置元素不会被显示

display 属性在网页中用得比较多，下面以流行歌曲《演员》为例演示 display 设置不同值的效果，歌词的前 5 句放在<span>标签中，第 6～10 句放在<div>标签中，HTML 代码如示例 7.4 所示。

示例 7.4：

```
<!DOCTYPE html>
<html lang="en">
    <head>
        <meta charset="UTF-8">
        <title>Title</title>
    </head>
    <body>
        <div id="music">
            <h1>演员</h1>
            <p>薛之谦</p>
            <span>该配合你演出的我演视而不见</span>
            <span>别逼一个最爱你的人即兴表演</span>
            <span>什么时候我们开始没有了底线</span>
            <span>顺着别人的谎言被动久不显得可怜</span>
            <span>可你曾经那么爱我干嘛演出细节</span>
            <div>我该变成什么样子才能配合出演</div>
            <div class=" song-1">原来当爱放下防备后的这些那些</div>
            <div class=" song-1">都有个期限</div>
            <div>其实台下的观众就我一个</div>
            <div class=" song-2">其实我也看出你有点不舍</div>
        </div>
    </body>
</html>
```

使用 CSS 设置标题、文本样式后在浏览器中查看页面效果，如图 7.11 所示。从页面中可以看到，前 5 句歌词放在<span>标签中，它们顺序显示，第 6～10 句歌词放在<div>标签中，每句独占一行。

Note

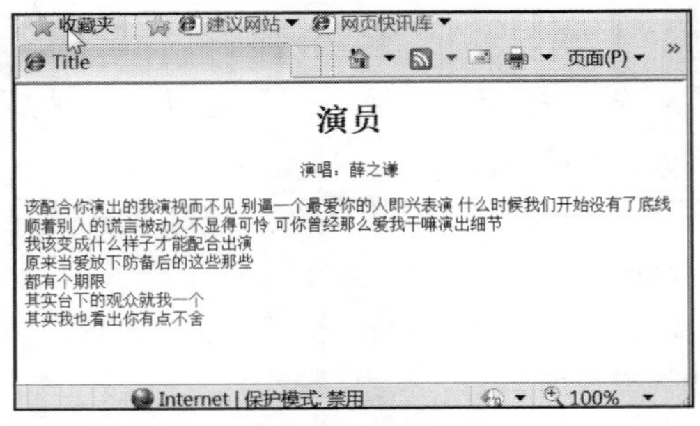

图 7.11　未设置 display 属性

现在使用 display 属性设置<span>标签为块级元素，设置第 7 句与第 8 句两句歌词所在的<div>标签为内联元素，并且设置第 10 句歌词不显示，CSS 关键代码如下所示。

```
#music span {
    display:block;
    padding-left:5px;
}
#music div {
    padding-left:5px;
}
#music .song-1{display:inline;}
#music .song-2{display:none;}
```

在浏览器中查看页面效果如图 7.12 所示，第 1～5 句歌词均独占一行，第 7 句与第 8 句两句在同一行显示，并且第 10 句歌词已不显示。

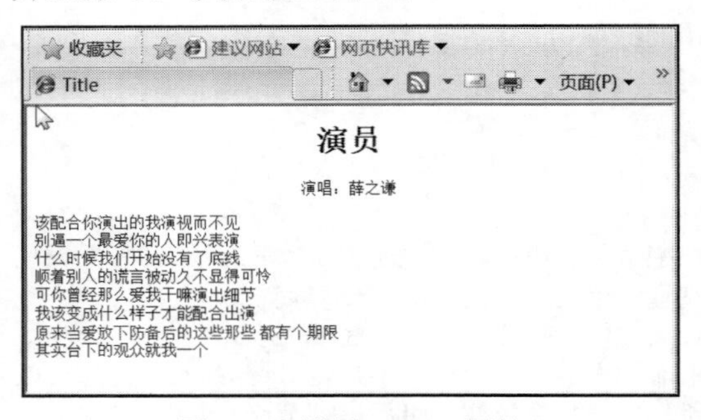

图 7.12　设置 display 属性

从这个例子可以看出，通过设置 display 属性，可以改变某个标签本来的元素类型，或者把某个元素隐藏起来。其实在实际的网页制作中，display 属性经常会用来设置某个元素的显示或隐藏。如果经常上网购物，会发现浏览商品列表时常常会有这样一个现象：当鼠标放在某个商品上时会出现商品的价格、简单介绍、热卖程度等，有时鼠标放在一个商品名称上时会出现商品图片、价格等商品详细情况，这些都是互联网经常用到的 display 属性实现的页面效果。

7.3 技能训练

1. 制作聚美优品彩妆热卖产品列表页面

需求说明：

制作聚美优品彩妆热卖产品列表页面，要求如下。

（1）页面背景颜色为浅黄色，彩妆热卖产品列表背景颜色为白色。

（2）标题放在段落标签中，标题背景颜色为桃红色、字体颜色为白色。

（3）使用无序列表<ul>制作彩妆热卖产品列表，两个产品列表之间使用虚线隔开。

（4）超链接字体颜色为灰色、无下划线，数字颜色为白色，数字背景为灰色圆圈，如图 7.13 所示。

（5）当鼠标移至超链接上时，超链接字体颜色为桃红色、无下划线，数字颜色为白色，数字背景为桃红色圆圈，并且显示产品对应的图片、价格和当前已购买人数，如图 7.14 所示。

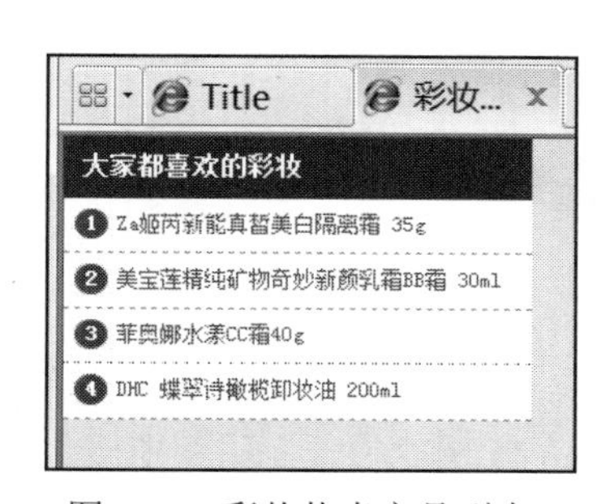

图 7.13　彩妆热卖产品列表

图 7.14　属性移至产品上时的效果

2. 制作新迈尔课程导航页面

需求说明：

制作如图 7.15 所示的课程导航页面，要求如下：

（1）使用标题标签实现课程导航标题，使用无序列表实现课程导航列表。

（2）课程导航 4 个边框样式均为 1px 的实线，边框颜色值为#AACBEE，背景色值为#F5F9FC

（3）课程导航前的图标和每个课程导航右侧的三角图标使用背景图像的方式实现。

（4）每个课程导航的上边框为 1px 的实线，使用 border 属性实现。

（5）课程导航超链接无下划线，当鼠标移至超链接上时文本颜色值变为#FF6215。

（6）使页面居中显示。

3. 制作聚美优品商品分类页面

需求说明：

Note

制作如图 7.16 所示的聚美优品商品分类页面，要求如下。

（1）页面背景颜色为灰色，商品分类列表背景颜色为白色。

（2）使用标题标签制作商品分类标题，标题背景颜色为黑色，字体颜色为白色。

（3）使用定义列表<dl>-<dt>-<dd>制作商品分类列表，各分类名称前的小图片使用背景图片的方式实现，各种分类中间使用虚线分隔，最后一个分类下方没有虚线。

（4）分类列表标题与列表内容对齐显示。

（5）使页面居中显示。

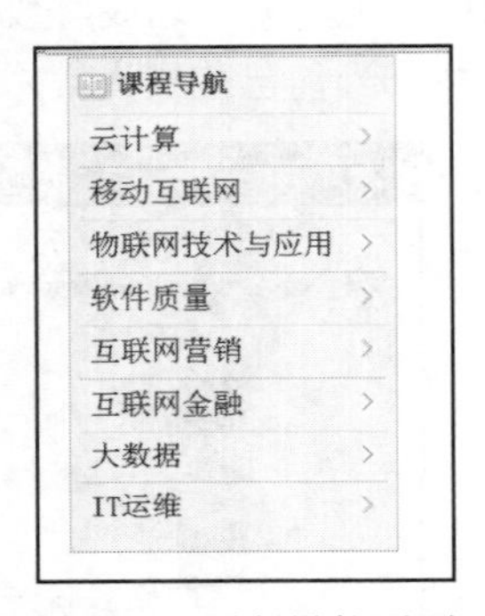

图 7.15　课程导航页面

图 7.16　商品分类页面

4. 制作聚美优品美容热点产品列表

需求说明：

制作如图 7.17 所示的大家都喜欢买的美容品列表页面，要求如下。

（1）页面背景颜色为浅黄色，美容热点产品列表背景颜色为白色。

（2）标题放在段落标签中，标题背景颜色为桃红色，字体颜色为白色。

（3）使用无序列表<ul>制作美容品列表，两个产品列表之间使用虚线隔开。

（4）超链接字体颜色为灰色、无下划线，数字颜色为白色，数字背景为灰色圆圈；当鼠标移至超链接上时，超链接字体颜色为桃红色、无下划线，数字颜色为白色，数字背景为桃红色圆圈。

（5）使页面居中显示。

5. 制作 1 号店美妆商品图片列表页面

需求说明：

制作如图 7.18 所示的 1 号店美妆商品图片列表页面，要求如下。

（1）标题的英文和中文为不同的字体，标题背景颜色为紫色。

（2）使用无序列表<ul>实现商品图片列表的排列。

（3）超链接图片边框为 1px 灰色实线，当鼠标移至超链接图片上时，图片边框为 1px 橙色实线。

图 7.17　美容产品列表页

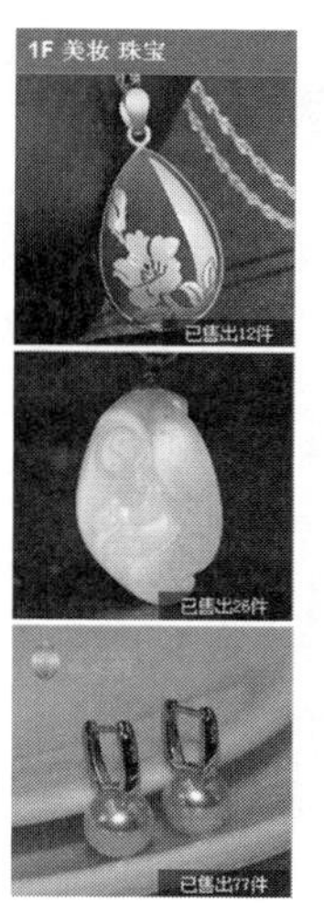

图 7.18　1 号店图片列表

本 章 总 结

☑　什么是盒子模型？盒子模型的边框、外边距和内边距在网页中的应用。

☑　使用 border、padding、margin 属性美化网页元素。

☑　精确计算盒子模型的尺寸大小。

第8章

浮动

本章简介

CSS 网页布局实际上就是使用 CSS 浮动（float）和清除（clear）元素，position（定位）和 display 等属性进行的网页布局。CSS 技术的核心就是掌握定位，只有这样才能用 CSS 布局出专业水准的网页。网页定位这是一种很重要的排版理念。它首先对<div>标签进行分类，然后使用 CSS 对各个<div>标签进行 CSS 定位，最后在各个<div>标签中编辑页面内容，这样就实现了表现与内容分离，在后期维护 CSS 十分容易。那么如何使用 CSS 定位网页元素呢？

这就是本章重点要讲解的内容组织页面布局的又一柄利剑——浮动和清除，也就是 float 和 clear 属性。使用浮动定位网页元素，并且根据网页布局需要对浮动进行清除或处理溢出内容，因此本章主要学习的内容有以下 3 点。

（1）使用 float 属性定位网页元素。

（2）使用 clear 属性清除浮动。

（3）使用 overflow 属性进行溢出处理。

本章工作任务

- 制作新迈尔网站导航
- 制作彩贝论坛
- 制作开心网游戏页面

本章技能目标

- 使用 float 属性定位网页元素

➢ 使用 float 属性结合无序列表制作横向导航
➢ 使用 float 属性创建横向多列布局
➢ 使用 clear 属性清除浮动
➢ 使用 overflow 进行溢出处理

Note

背诵英文单词

请在预习时找出下列单词在教材中的用法，了解它们的含义和发音，并填写于横线处。

float____________________
left____________________
right____________________
clear____________________
both____________________
overflow________________
hidden__________________

预习并回答以下问题

1. 使用 float 属性设置页面元素浮动时，使用属性值 left 和 right 有什么区别？
2. 使用 clear 属性清除浮动时，使用属性值 left、right 和 both 有什么区别？
3. 简单描述如何使用 CSS 设置网页元素可自动扩展高度，使它能够从外观上包含它里面的浮动元素。

8.1 网页布局

浮动，意思就是把元素从常规文档流中拿出来。这样的作用是什么呢？一是可以实现文字环绕图片的效果，二是可以让原来上下堆叠的块级元素，变成左右并列，从而实现布局中的分栏。那么如何布局并制作一个完整的网页呢？一个完整的页面至少包含哪些内容呢？

平常见到的网站基本上都包括网站导航、主体内容、网站版权这 3 个部分，网站导航一般包括网站 LOGO、导航菜单及一些其他信息，主体内容是网页上要呈现给浏览者的内容，网站版权一般包括网站声明和一些相关链接等。如图 8.1 所示的中国工商银行首页，最上方是网站导航，包括页面 LOGO、导航菜单、其他链接；中间是网站的主体内容；最下方是网站版权，包括网站的版权声明、版权所有等网页链接。

图 8.1　中国工商银行中国网站

虽然互联网上的页面基本上都包括这 3 个部分，但在布局上也各不相同，网页布局类型有“国”字型、拐角型、标题正文型、左右框架型、上下框架型、综合框架型、封面型、Flash 型、变化型等。

“国”字型和拐角型是大多数网站比较喜欢的类型，也是经常见到的网页类型，因此这里主要介绍这两种网页类型，其他的不详细讲解。

“国”字型也可以称为“1-3-1”型，最上面是网站导航，中间主体部分为左、中、右布局，其中左、右分列两小条内容，中间是主要部分，与左右一起罗列到底，最下面是网站版权，如图 8.1 所示就是这样的布局。

拐角型与“国”字型只是形式上的区别，其实是很相近的。拐角型页面上方的网站导航包括 logo、一些链接或广告横幅等内容，接下来的左侧是一窄列网站链接，右侧是很宽的正文，下面是网站版权部分，因此拐角型也可以称为“1-2-1”型，如图 8.2 所示的亚马

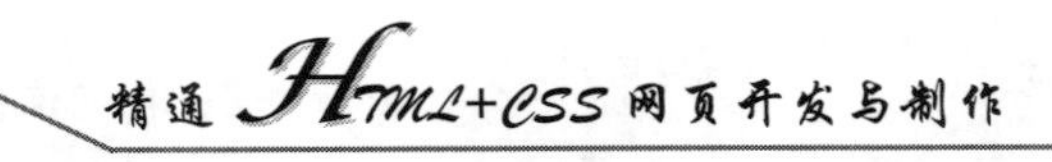

逊网页就是典型的“1-2-1”型页面。

图 8.2　拐角型页面

在真正地使用 CSS 布局网页时可能会遇到一个最大的问题，那就是如何让两个或 3 个<div>标签在同一行显示，实现页面的“1-2-1”或“1-3-1”布局，这就涉及本章要重点讲解的浮动。

8.2　浮　　动

CSS 设计 float 属性的主要目的，是为了实现图文混排的效果。然而，这个属性居然也成了创建多栏布局最简单的方式。在标准文档流中，一个块级元素在水平方向会自动伸展，直到包含它的元素的边界，在竖直方向和其他的块级元素依次排列。那么如何才能实现如图 8.2 所示的网页布局呢？这就需要使用“浮动”属性。

要实现浮动需要在 CSS 中设置 float 属性，该属性默认值为 none，也就是标准文档流块级元素通常显示的情况。如果将 float 属性的值设置为 left 或 right，元素就会向其父元素的左侧或右侧浮动，同时默认情况下，盒子的宽度不再伸展，而是根据盒子里面的内容和宽度来确定，这样就能够实现网页布局中的“1-2-1”或“1-3-1”布局类型。

8.2.1　浮动在网页中的应用

在 CSS 中，使用浮动（float）属性，除了可以建立网页的横向多列布局，还可以实现许多其他的网页内容的布局，如图 8.3 所示的横向导航菜单、图 8.4 所示的商品列表展示、图 8.5 所示的栏目标题和图书照片与文本信息左右混排的热搜图书列表，这些都是使用 float 属性设置浮动实现的效果。

图 8.3　横向导航菜单

图 8.4　商品列表页

图 8.5　热搜图书列表

通过以上介绍和认识，可见 float 属性在网页中的重要作用，下面介绍 float 属性。

8.2.2　float 属性

在 CSS 中，通过 float 属性定义网页元素在哪个方向浮动。常用属性值有左浮动、右浮动和不浮动 3 种，具体属性值如表 8.1 所示。

表 8.1　float 属性值

属　性　值	说　　明
left	元素向左浮动
right	元素向右浮动
none	默认值。元素会显示在文本中出现的位置

浮动在网页中的应用比较复杂，下面将通过实例来讲解，具体代码如示例 8.1 所示。

示例 8.1：

```
<!DOCTYPE html>
<html lang="en">
    <head>
        <meta charset="UTF-8">
        <title>Title</title>
        <link rel="stylesheet" type="text/css" href="css/float.css">
    </head>
    <body>
        <div class="father">
            <div class="layer01"><img src="image/manao.png" alt="收藏品" /></div>
```

```
            <div class="layer02"><img src="image/weiyi.png" alt="衣服" /></div>
            <div class="layer03"><img src="image/yagao.png" alt="牙膏" /></div>
            <div class="layer04">浮动的盒子……</div>
        </div>
    </body>
</html>
```

Note

在这段代码中定义了 5 个<div>标签，其中最外层的<div>标签的 id 为 father，另外 4 个<div>标签是它的子块。为了便于观察，使用 CSS 设置所有<div>标签都有一个外边距和内边距，并且设置最外层<div>标签为实线边框，内层的 4 个<div>标签为虚线边框，代码如下所示。

```
div{margin:10px; padding:5px;}
.father{border:1px #000 solid;}
.layer01{border:1px #F00 dashed;}
.layer02{border:1px #00F dashed;}
.layer03{border:1px #060 dashed;}
.layer04{border:1px #666 dashed; font-size:12px; line-height:20px;}
```

在浏览器中查看页面效果，如图 8.6 所示，由于没有设置浮动，故 3 个图片和文本所在<div>标签各自向右伸展，并且在竖直方向依次排列。

图 8.6　未设置浮动效果图

现在学习 float 属性在网页中的应用，在学习如何设置 float 属性的同时，将充分体会浮动具有哪些性质。为了方便描述，以下对这 5 个<div>分别以 father、layer01、layer02、layer03、layer04 来表示，下面分别设置它们的浮动，然后查看浮动效果。

1. 设置 layer01 左浮动

在上面代码的基础上，通过 float 属性设置 layer01 左浮动，在类样式 layer01 中增加左浮动的代码，如下所示。

```
.layer01 {
    border:1px #F00 dashed;
```

```
    float:left;
}
```

在浏览器中查看设置完 layer01 左浮动的页面效果，如图 8.7 所示，可以看到 layer01 向左浮动，并且它不再向右伸展，而是仅能够容纳里面日用品图片的最小宽度。

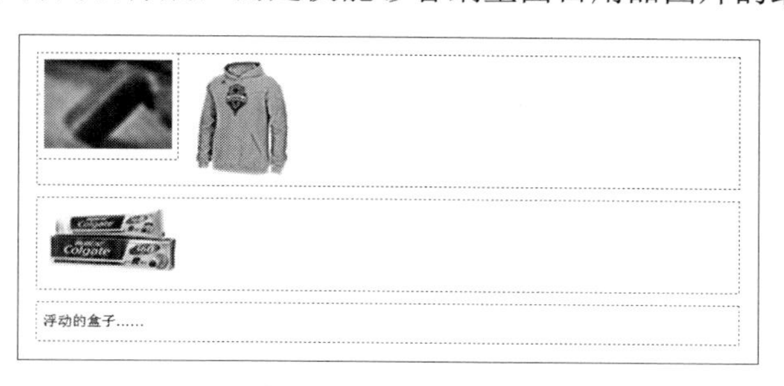

图 8.7　设置 layer01 左浮动

仔细看图 8.7 可以发现，layer02 的左边框、上边框分别与 layer01 的左边框和上边框重合，由此可知设置完左浮动的 layer01 已经脱离标准文档流，所以标准文档流中的 layer02 顶到原来 layer01 的位置，layer03 也随着 layer02 的移动而向上移动。

2. 设置 layer02 左浮动

现在通过 float 属性设置 layer02 左浮动，在类样式 layer02 中增加左浮动的代码，如下所示。

```
.layer02 {
    border:1px #00F dashed;
    float:left;
}
```

在浏览器中查看设置完 layer02 左浮动的页面效果，如图 8.8 所示，可以看到 layer02 向左浮动，并且它也不再向右伸展，而是根据里面的图片宽度确定本身的宽度。

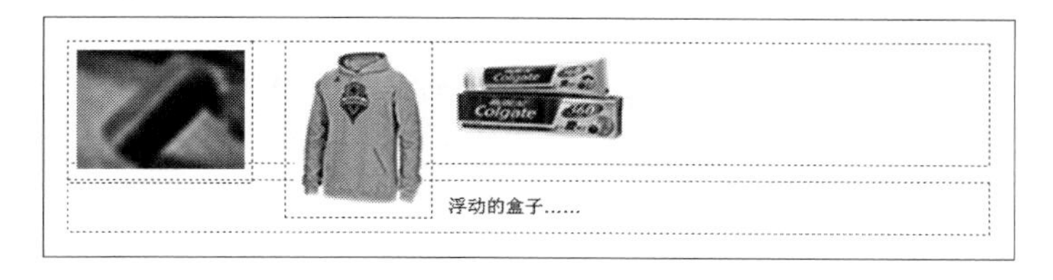

图 8.8　设置 layer02 左浮动

从图 8.8 中可以更清楚地看出，由于 layer02 左浮动后脱离了标准文档流，layer03 的左边框与 layer01 左边框重合，layer04 中的文本移了上来，并且围绕着几个图片显示。

3. 设置 layer03 左浮动

现在通过 float 属性设置 layer03 左浮动，在类样式 layer03 中增加左浮动的代码，如下所示。

```
.layer03 {
    border:1px #060 dashed;
```

```
    float:left;
}
```

在浏览器中查看设置完 layer03 左浮动的页面效果，如图 8.9 所示，可以看到 layer03 向左浮动，并且它也不再向右伸展，而是根据里面的图片宽度确定本身的宽度。

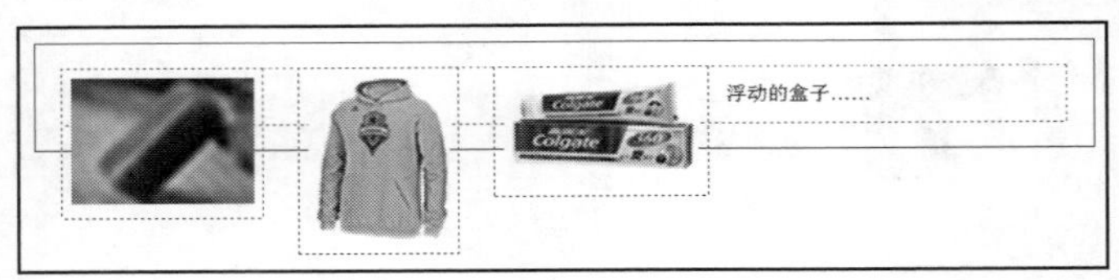

图 8.9　设置 layer03 左浮动

4. 设置 layer01 右浮动

以上都是设置<div>标签左浮动，现在改变浮动方向，把 layer01 的左浮动改变为右浮动，代码如下所示。

```
.layer01 {
    border:1px #F00 dashed;
    float:right;
}
```

在浏览器中查看设置完 layer01 右浮动的页面效果，如图 8.10 所示，layer01 浮动到 father 的右侧，layer02 和 layer03 向左移动，layer04 中的文本依然环绕着几张图片。

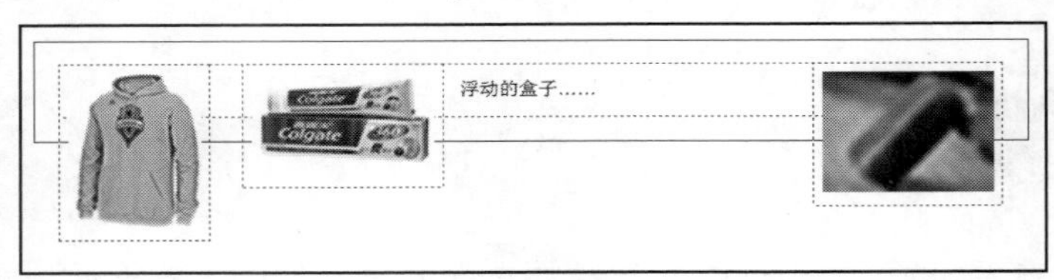

图 8.10　设置 layer01 右浮动

5. 设置 layer02 右浮动

现在改变 layer02 的浮动方向，把 layer02 的左浮动改变为右浮动，代码如下所示。

```
.layer02 {
    border:1px #00F dashed;
    float:right;
}
```

在浏览器中查看设置完 layer02 右浮动的页面效果，如图 8.11 所示，layer01 位置没有改变，layer02 向右浮动，layer04 中的文本依然环绕着几张图片。

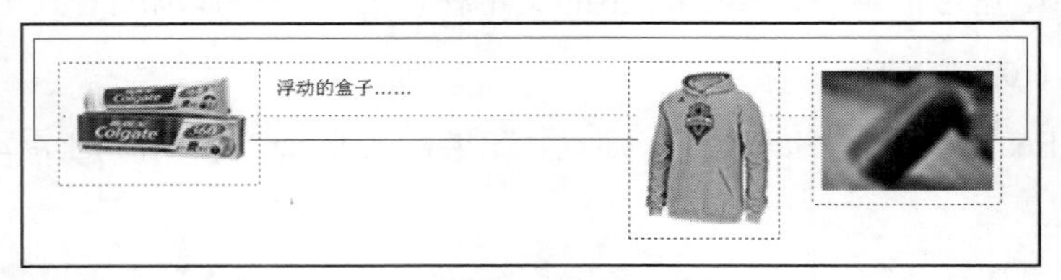

图 8.11　设置 layer02 右浮动

8.3 清除浮动

在前面的讲解中，全面地剖析了 CSS 中的浮动属性，并且知道由于某些元素设置了浮动，在页面排版时会影响其他元素的位置。如果要使它后面标准文档流中的元素不受其他浮动元素的影响，该怎么办呢？这就需要清除浮动，clear 属性在 CSS 中正是起到这样的作用。下面将详细讲解怎样来清除浮动。

8.3.1 浮动的影响

在 CSS 中 clear 属性规定元素的哪一侧不允许其他浮动元素，它的常用值如表 8.2 所示。

表 8.2　clear 属性值

值	说　明
left	在左侧不允许浮动元素
right	在右侧不允许浮动元素
both	在左、右两侧不允许浮动元素
none	默认值，允许浮动元素出现在两侧

如果要将<img>标签两侧的浮动元素清除，可使用 clear 属性设置代码如下所示。

```
img {
    clear:both;
}
```

clear 属性常用于清除浮动带来的影响和扩展盒子模型的高度，下面通过例子来详细讲解。还是以上面的例子为基础进行演示，讲解 clear 属性。清除左浮动的代码如示例 8.2 所示。

1. 清除左浮动

示例 8.2：

```
.layer04 {
    border:1px #666 dashed;
    font-size:12px;
    line-height:23px;
    clear:left;
}
```

在浏览器中查看设置了清除文本左侧浮动内容的代码，页面效果图如图 8.12 所示。

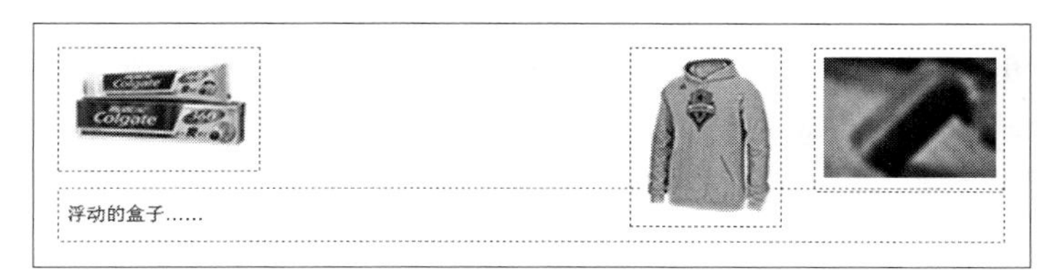

图 8.12　清除文本左浮动

2. 清除右浮动

由于文本左侧浮动的内容只有 layer03，现在 layer04 清除了左侧浮动的内容，而右侧浮动的内容不受影响，因此文本在 layer03 的下方显示，但是还是环绕着另两个图片显示。那么下面修改代码改清除 layer04 右侧浮动内容，代码如下所示。

```
.layer04 {
    border:1px #666 dashed;
    font-size:12px;
    line-height:23px;
    clear:right;
}
```

在浏览器中查看设置了清除文本右侧浮动内容的代码，页面效果如图 8.13 所示。

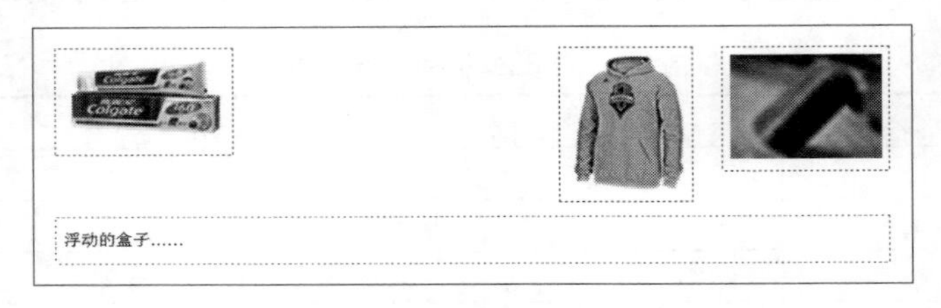

图 8.13　清除右浮动

由于文本右侧浮动的内容有 layer01 和 layer02，现在 layer04 清除了右侧浮动的内容，因此文本在最高的图片下方显示，与希望的文本在所有图片下方显示的效果一致。但是这样做真的能保证任何时候文本都在所有浮动内容的下方显示吗？

下面做一个实验，把 layer01 设置为左浮动，代码如下所示。

```
.layer01 {
    border:1px #F00 dashed;
    float:left;
}
```

重新在浏览器中查看将 layer01 设置为左浮动的页面效果，如图 8.14 所示。

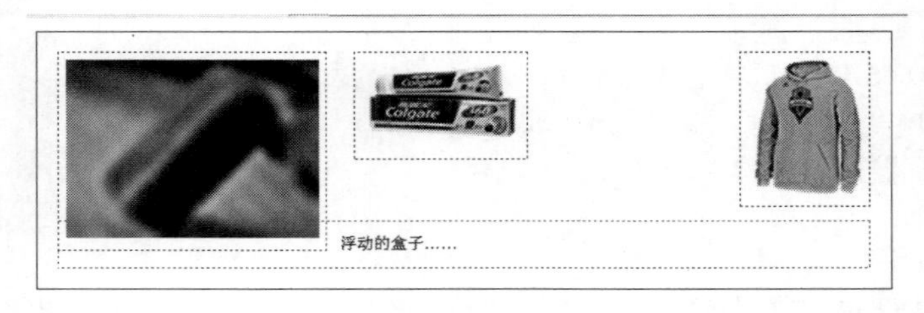

图 8.14　重新设置 layer01 左浮动

看到页面效果了吧，与当初希望的不一致了吧？为什么会这样呢？现在文本左侧浮动的是 layer01 和 layer03，右侧浮动的是 layer02，而设置了清除文本右侧浮动后，仅清除了右侧浮动，左侧浮动是不受影响的，并且左侧的图片高于右侧浮动的图片，所以文本依然环绕左侧比较高的图片显示。

那么如何设置才能够确保文本总是在所有图片下方显示呢？当然是将两侧的浮动全

部清除了。

3. 清除两侧浮动

当某一盒子两侧都有浮动元素，并且需要清除元素两侧的浮动时，就需要使用 clear 属性的值 both 了。修改代码清除 layer04 两侧的浮动，代码如下所示。

```
.layer04 {
    border:1px #666 dashed;
    font-size:12px;
    line-height:23px;
    clear:both;
}
```

在浏览器中查看清除了文本两侧浮动的页面，效果如图 8.15 所示。

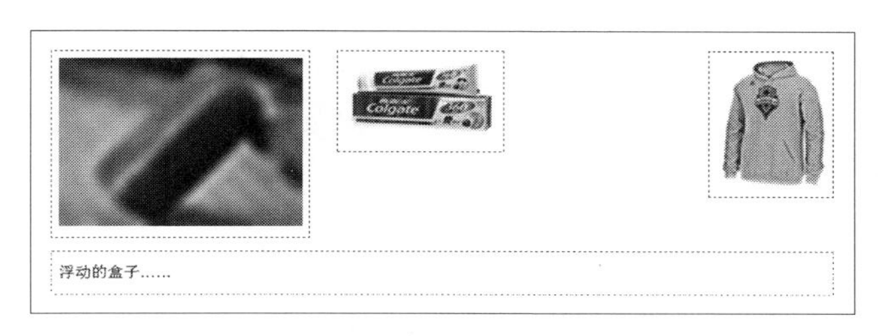

图 8.15　清除两侧浮动

8.3.2　扩展盒子的高度

关于 clear 属性的作用，除了用于清除浮动影响之外，还能用于扩展盒子高度。下面仍以图 8.7 对应的代码为例，将文本所在的 layer04 也设置为左浮动，代码如示例 8.3 所示。

示例 8.3：

```
.layer04 {
    border:1px #666 dashed;
    font-size:12px;
    line-height:23px;
    clear:both;
    float:left;
}
```

这时在 father 里面的 4 个<div>标签都设置了浮动，它们都不在标准文档流中，这时在浏览器中查看页面效果，如图 8.16 所示。

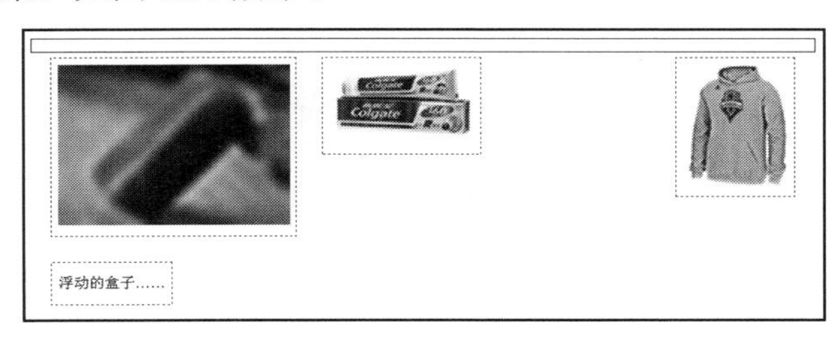

图 8.16　设置 layer04 左浮动

从图 8.16 中可以看到，layer04 设置左浮动之后，father 的范围缩成一条，是由 padding 和 border 构成的。浮动的元素脱离了标准文档流，所以它们包围的图片和文本不占据空间。也就是说，一个<div>标签的范围是由它里面的标准文档流的内容决定的，与里面的浮动内容无关。

那么如何让 father 在视觉上包围浮动元素呢？clear 属性可以实现这样的效果。使用 clear 属性能够实现外层元素从视觉效果上包围里面浮动元素这样的效果，那就是在所有浮动的<div>标签后面再增加一个<div>标签，HTML 代码如示例 8.4 所示。

示例 8.4：

```
<!DOCTYPE html>
<html lang="en">
    <head>
        <meta charset="UTF-8">
        <title>Title</title>
        <link rel="stylesheet" type="text/css" href="css/float.css"/>
    </head>
    <body>
        <div class="father">
            <div class="layer01"><img src="image/manao.png" alt="收藏品" /></div>
            <div class="layer02"><img src="image/weiyi.png" alt="衣服" /></div>
            <div class="layer03"><img src="image/yagao.png" alt="牙膏" /></div>
            <div class="layer04">浮动的盒子……</div>
            <div class="clear"></div>
        </div>
    </body>
</html>
```

在 CSS 中增加类样式 clear，由于受到 CSS 继承特性的影响，前面代码设置了所有<div>标签都有一个 10px 的外边距和 5px 的内边距，这里的<div>标签作用主要是扩展外层 father 的高度，所以在这里还需要把内边距和外边距设置为 0px，代码如下所示。

```
.clear {
    clear:both;
    margin:0px;
    padding:0px;
}
```

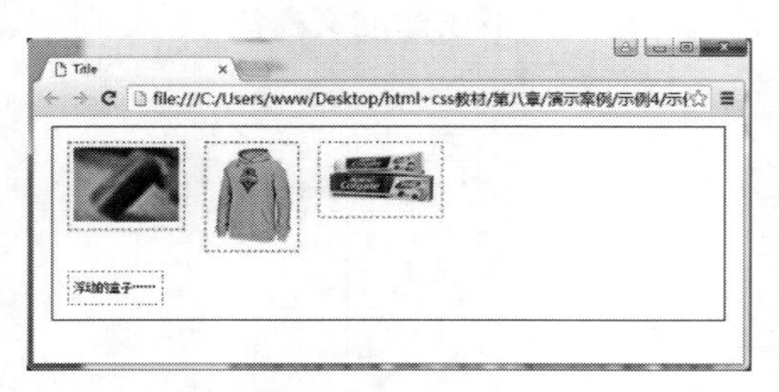

图 8.17　没有设置 overflow 属性

在浏览器中查看页面效果，如图 8.17 所示。从上面的代码中可以看到，虽然使用 clear 属性达到了想要的效果，但是 HTML 代码却不完美，出现了代码臃肿——增加了 HTML 的代码量。那么如何在不增加 HTML 代码的情况下，仅通过 CSS 设置来实现同样的效果呢？overflow 属性将完美地解决这一问题。

8.4 溢 出 处 理

在网页制作过程中，有时需要将内容放在一个宽度和高度固定的盒子中，超出的部分隐藏起来，或者以带滚动条的窗口显示，有时还需要外层的盒子从外观上包含它里面代码浮动的盒子，这些都需要 CSS 中的 overflow 属性来实现。

8.4.1 overflow 属性

在 CSS 中，处理盒子中的内容溢出，可以使用 overflow 属性。它规定当内容溢出盒子时发生的事情，如内容不会被修剪而呈现在盒子之外，或者内容会被修剪、修剪内容隐藏等。overflow 属性的常见值如表 8.3 所示。

表 8.3 overflow 属性的常见值

属 性 值	说 明
visible	默认值，内容不会被修剪，会呈现在盒子之外
hidden	内容会被修剪，并且其余内容是不可见的
scroll	内容会被修剪，但是浏览器会显示滚动条以便查看其余内容
auto	如果内容被修剪，则浏览器会显示滚动条以便查看其余的内容

下面通过一个例子，分别设置 overflow 属性的几个常用属性值，来深入理解 overflow 属性在网页中的应用。页面的 HTML 代码如示例 8.5 所示。

示例 8.5：

```
<!DOCTYPE html>
<html lang="en">
    <head>
        <meta charset="UTF-8">
        <title>Title</title>
        <link rel="stylesheet" type="text/css" href="css/css.css">
    </head>
    <body>
        <div class="box">
            <img src="img/sf.png" alt="沙发" />
            <p>在 CSS 中使用 overflow 属性……</p>
        </div>
    </body>
</html>
```

页面中有一个 class 为 box 的<div>标签，里面是一个图片和一段文本。为了能更清楚地看出设置了 overflow 属性之后，对盒子内元素的影响，使用 CSS 为盒子设置宽度、高度和边框，代码如下所示。

```
body {
    font-size:12px;
    line-height:22px;
```

```
}
.box {
    width:200px;
    height:150px;
    border:1px #000 solid;
}
```

由于 visible 是 overflow 属性的默认值，因此设置 overflow 属性的值为 visible 和不设置是一样的。在浏览器中查看页面效果，如图 8.18 所示。

下面在#content 中增加 overflow 属性，将其值设置为 hidden，具体代码如下所示。

```
.box{
    width:200px;
    height:150px;
    border:1px #000 solid;
    overflow:hidden;
}
```

在浏览器中查看页面效果，如图 8.19 所示。

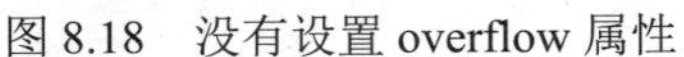
图 8.18　没有设置 overflow 属性　　图 8.19　设置 overflow 属性

由图 8.19 可以看出，超出盒子高度的文本被隐藏起来了，只有盒子内的图片被显示。

现在修改上述代码，将 overflow 属性的值分别设置为 scroll 和 auto，然后在浏览器中查看页面效果，结果如图 8.20 和图 8.21 所示。

图 8.20　overflow 属性值为 scroll　　图 8.21　overflow 属性值为 auto

从图 8.20 和图 8.21 可以看出，两者在处理盒子内元素溢出时，都出现了滚动条，以便查看盒子尺寸之外的内容。唯一不同的是，overflow 属性值设置为 scroll 时，尽管没有在 X 方向上产生内容溢出，但也在底部显示了不可用的滚动条；而设置为 auto 时，则仅在内容有溢出的高度部分产生了滚动条，底部并没有显示滚动条。

8.4.2　overflow 属性的妙用

在 CSS 中 overflow 属性除了可以对盒子内容溢出进行处理之外，还可以与盒子宽度

配合使用，清除浮动来扩展盒子的高度。由于这种方法不会产生冗余标签，仅需要设置外层盒子的宽度和 overflow 属性值为 hidden 即可，因此这种方法常用来设置外层盒子包含内层浮动元素的效果。

下面仍然以示例 8.3 为基础，使用 overflow 属性完成清除浮动和扩展盒子高度。其设置方法非常简单，只需要为浮动元素的外层元素 father 设置宽度和将 overflow 属性设置为 hidden，同时将清除浮动的代码“<div class="clear"></div>”删除，不需要添加到 HTML 代码中了。详细的 HTML 代码如示例 8.1 所示的原始 HTML 代码。

下面修改示例 8.4 中的 CSS 代码，首先删除类样式 clear，然后修改 father 代码，增加盒子宽度和 overflow 属性，代码如示例 8.6 所示。

示例 8.6：

```
<!DOCTYPE html>
<html lang="en">
    <head>
        <meta charset="UTF-8">
        <title>Title</title>
        <link rel="stylesheet" type="text/css" href="css/float.css">
    </head>
    <body>
        <div id="father">
            <div class="layer01"><img src="image/photo-1.jpg" alt="日用品" /></div>
            <div class="layer02"><img src="image/photo-2.jpg" alt="图书" /></div>
            <div class="layer03"><img src="image/photo-3.jpg" alt="鞋子" /></div>
            <div class="layer04">浮动的盒子……</div>
        </div>
    </body>
</html>
```

CSS 主要代码：

```
.father {
    border:1px #000 solid;
    width:500px;
    overflow: hidden;}
```

在浏览器中查看页面效果，如图 8.22 所示。

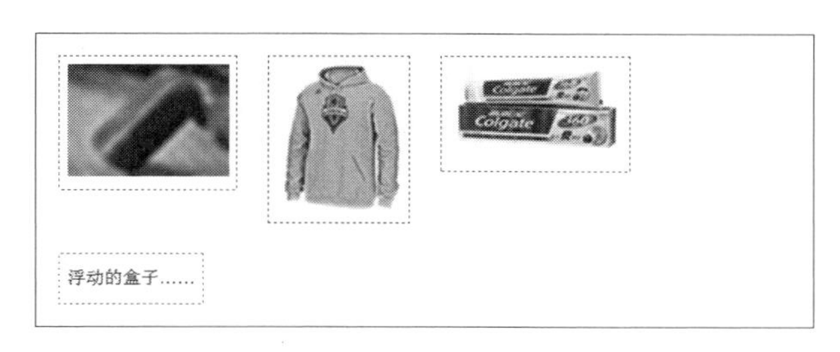

图 8.22　使用 overflow 属性扩展盒子高度

由上述代码可以看出，实现同样的效果，使用 overflow 属性配合宽度清除浮动和扩充盒子高度，比使用 clear 属性代码量大大减少，也减少了空的 HTML 标签。这样做的好处是使代码更加简洁、清晰，从而提高了代码的可读性和网页性能。

Note

但是如果页面中有绝对定位（后面讲解）元素，并且绝对定位的元素超出了父级的范围，这里使用 overflow 属性就不合适了，而需要使用 clear 属性来清除浮动。

因此通过 clear 属性和 overflow 属性实现清除浮动来扩充盒子高度，要根据它们各自的特点和网页实际需求来设置。

8.5 技 能 训 练

1. 制作彩贝论坛

需求说明：

（1）使用标题标签和列表以及相对应的标签制作如图 8.23 所示的彩贝论坛。

（2）使用浮动完成页面的布局。

（3）标题字体大小为 14px。

（4）论坛内容部分添加 1px 的灰色实线边框（#DFDFDF）。

（5）鼠标滑过列表时出现下划线。

图 8.23　彩贝论坛

2. 制作开心网的游戏页面

需求说明：

制作如图 8.24 所示的开心网-网页游戏页面，具体要求如下。

图 8.24　开心网-网页游戏

（1）使用 float 属性实现布局。

（2）使用图片和背景图完成内容部分。

（3）“进入游戏”和“新手资料”能够单击。

3. 制作新迈尔网页导航

制作如图 8.25 所示的新迈尔网站导航页面，要求如下。

（1）网站导航在浏览器中居中显示。

（2）导航顶部 LOGO 居左显示，“咨询电话”居右显示。

（3）网站导航菜单背景颜色为黑色，导航字体颜色为白色，“咨询电话”字体大小为 12px，数字大小为 20px；没有下划线。

4. 制作视频宣传列表页

需求说明：

制作如图 8.26 所示的视频宣传片列表页面，要求如下。

（1）精彩视频列表内容在浏览器中居右显示。

（2）标题背景使用背景图片实现，标题字体样式为 14px、白色、加粗显示。

（3）使用无序列表排版精彩视频列表内容。

（4）视频列表所在内容背景颜色为浅灰色，图片添加超链接，图片边框为 2px 白色实线，当鼠标移至图片上时，图片边框变为 2px 橙色实线。

（5）视频图片标题加粗显示，时长和点击前的小图标使用背景图像的方式实现。

图 8.25　新迈尔导航

图 8.26　视频列表页

本 章 总 结

☑　使用 float（浮动）属性布局网页元素。

☑　使用 clear 属性清除浮动对网页元素的影响。

☑　使用 clear 和 overflow 属性扩展盒子大小（高度）。

☑　使用 overflow 属性控制溢出内容。

定位网页元素

本章简介

在学习浮动的知识，以及使用浮动布局网页、定位网页元素后，本章将要讲解网页制作中另一个重要属性——position 定位属性。CSS 布局的核心是 position 属性，对元素盒子应用这个属性，可以相对于它在常规文档流中的位置重新定位。position 属性有 4 个值：static、relative、absolute 和 fixed，默认值为 static。这些属性都是什么意思？下面介绍使用 position 定位网页元素，以及设置元素堆叠顺序的 z-index 属性。

通过本章的学习，将能够完成网页中更为复杂的布局和元素定位。本章主要学习的内容有以下两点。

（1）使用 position 属性定位网页元素。

（2）使用 z-index 属性设置元素的堆叠顺序。

本章工作任务

- 制作带按钮的轮播广告
- 制作下拉列表导航菜单
- 制作当当图书榜页面

本章技能目标

- 使用 position 属性定位网页元素
- 使用 z-index 属性调整定位元素的堆叠顺序

背诵英文单词

请在预习时找出下列单词在教材中的用法，了解它们的含义和发音，并填写于横线处。

position____________________

static____________________

relative____________________

absolute____________________

fixed____________________

z-index____________________

预习并回答以下问题

（1）在 CSS 中 position 属性值 absolute 表示什么定位？

（2）在 CSS 中使用什么方式可以设置网页元素的透明度？

（3）在网页中 z-index 属性对没有设置定位的网页元素有效吗？

9.1　定位在网页中的应用

在 CSS 中有 3 种基本的定位机制，分别是标准流、浮动和绝对定位。通常在网页中除非专门指定某种元素的定位，否则所有元素都在标准流中定位，也就是说标准流中元素的位置由在 XHTML 中的位置决定。

在前面的章节已经学习了标准流和浮动，使用浮动的方式可以定位网页元素。但是仅使用浮动一种方式，完成不了网页中很多更为复杂的网页效果。例如，图 9.1 所示的新迈尔网站（http://www.itzpark.com）中的下拉列表菜单，图 9.2 所示的随滚动条滚动而位置不变的返回顶部按钮，以及图 9.3 所示的鼠标滑过“发货地”按钮弹出的地点选择框。

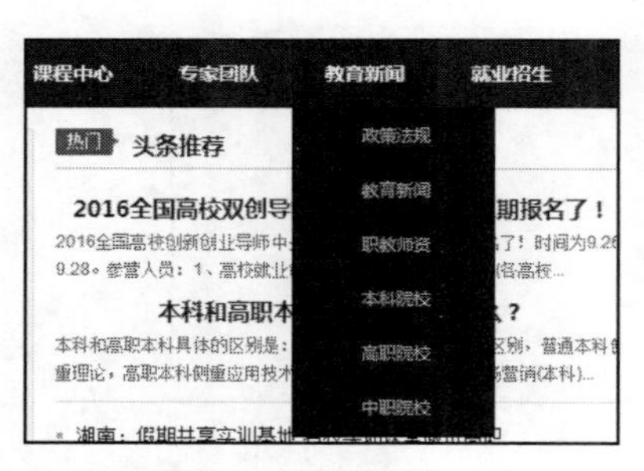

图 9.1　下拉菜单

图 9.2　返回顶部按钮

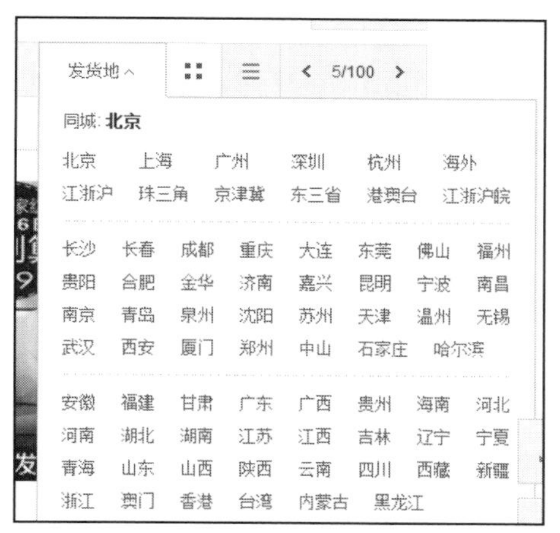

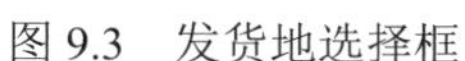

图 9.3　发货地选择框

从图 9.1～图 9.3 中可以看出，无论是弹出的选择框窗口，还是下拉菜单、浮动图片，它们都有一个共同特点，即都脱离了原有的页面，浮动在了网页之上。对于这样的网页元素定位，使用 position 属性或 position 属性与 z-index 属性结合来实现。下面分别详细讲解。

9.2　position 属性

position 属性与 float 属性一样，都是 CSS 排版中非常重要的概念。position 从字面意思上看就是指定盒子的位置，指它相对其父级的位置和相对它自身应该在的位置。position 属性有 4 个属性值，分别代表着不同的定位类型。

☑ static：默认值，没有定位，元素按照标准流进行布局。

☑ relative：相对定位，使用相对定位的盒子位置常以标准流的排版方式为基础，然后使盒子相对于它在原本的标准位置偏移指定的距离。相对定位的盒子仍在标准流中，它后面的盒子仍以标准流方式对待它。

☑ absolute：绝对定位，盒子的位置以包含它的盒子为基准进行偏移。绝对定位的盒子从标准流中脱离。这意味着它们对其后的其他盒子的定位没有影响，其他的盒子就好像这个盒子不存在一样。

☑ fixed：固定定位，和绝对定位类似，只是以浏览器窗口为基准进行定位，也就是当拖动浏览器窗口的滚动条时，依然保持对象位置不变。

fixed 属性值目前在一些浏览器中还不被支持，在实际的网页制作中也不常应用，下面通过实例讲解 position 属性的其他 3 个值在网页中的应用。

9.2.1　static（没有定位）

静态定位（static）为默认值，在静态定位的情况下，每个元素都处在常规文档流中。它们都是块级元素，所以就会在页面中自上而下、从左到右的顺序堆叠起来。它表示盒子保持在原本应该在的位置上，没有任何移动的效果。因此，前面章节讲解的例子实际上都

Note

是 static 方式。

要想突破 static 定位提供的这种按顺序布局元素的方式，必须把盒子的 position 属性改为其他 3 个值。为了方便清楚地理解，现在用一个基础的页面，讲解其他定位方式时在此基础页面上进行修改。

页面中有一个 class 为 wrap 的<div>标签，里面嵌套 3 个<div>标签，HTML 代码如示例 9.1 所示。

示例 9.1：

```
<!DOCTYPE html>
<html lang="en">
    <head>
        <meta charset="UTF-8">
        <title>Title</title>
        <link rel="stylesheet" type="text/css" href="css/01.css"/>
    </head>
    <body>
        <div class="wrap">
            <div class="first">第一个盒子</div>
            <div class="second">第二个盒子</div>
            <div class="third">第三个盒子</div>
        </div>
    </body>
</html>
```

使用 CSS 设置 wrap 的边框样式和嵌套的几个<div>标签的背景颜色、边框样式，关键代码如下所示。

```
div,body {
    margin:10px;
    padding:5px;
    font-size:12px;
    line-height:25px;
}
.wrap{
    border:1px #666 solid;
    padding:0px;
}
.first {
    background-color:#F49D9D;
    border:1px #B55A00 dashed;
}
.second {
    background-color:#B6ABFD;
    border:1px #0000A8 dashed;
}
.third {
    background-color:#A7FDA1;
    border:1px #395E4F dashed;
}
```

在浏览器中查看页面效果，如图 9.4 所示，由于没有设置定位，3 个盒子在父级盒子中以标准文档流的方式呈现。

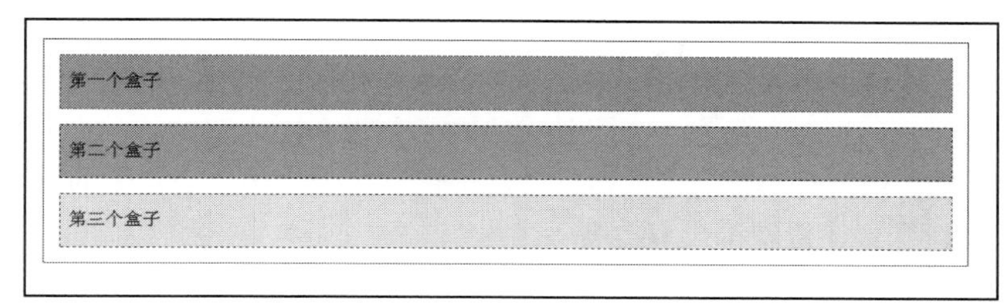

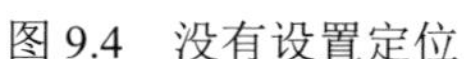

图 9.4　没有设置定位

9.2.2　relative（相应定位）

使用 relative 属性值设置元素的相对定位，光设置这个属性还看不出来有什么不一样，因为只设置了它的定位方式是“相对定位”。到底相对哪里定位呢？相对的是它原来在文档流中的位置（或者默认位置）。除了将 position 属性设置为 relative 之外，还需要指定一定的偏移量，水平方向使用 left 或 right 属性来指定，垂直方向使用 top 或 bottom 属性来指定。下面将第一个盒子的 position 属性值设置为 relative，并设置偏移量，代码如示例 9.2 所示。

示例 9.2：

```
.first {
    background-color:#f49d9d;
    border:1px #B55A00 dashed;
    position: relative;
    left:20px;
    top:-20px;
}
```

在浏览器中查看页面效果如图 9.5 所示，第一个盒子的新位置与原来的位置相比，可以看出，它向上和向右均移动了 20px。也就是说，“top:-20px”的作用是使它的新位置在原来位置的基础上向上移动 20px，“left:20px”的作用是使它的新位置在原来位置的基础上向右移动 20px。

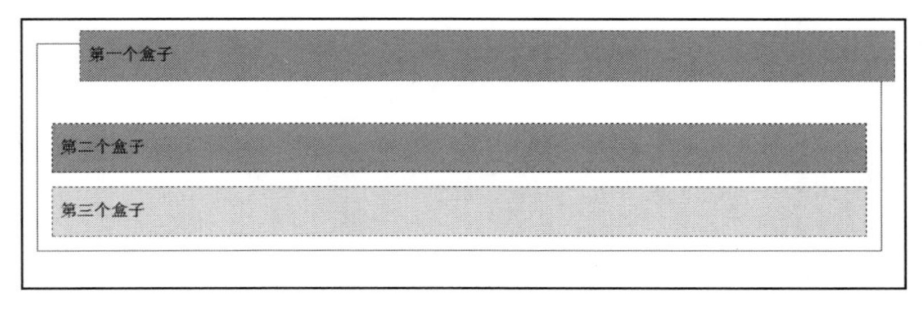

图 9.5　第一个盒子向上向右偏移

这里用到了 top 和 left 两个 CSS 属性，前面已经提过在 CSS 中一共有 4 个属性配合 position 属性来进行定位，除了 top 和 left 外，还有 right 和 bottom。这 4 个属性只有当 position

属性设置为 absolute、relative 或 fixed 时才有效。并且 position 属性取值不同时，它们的含义也是不同的。top、right、bottom 和 left 这 4 个属性除了可以设置为像素值，还可以设置为百分数。

Note

从图 9.5 中可以看到第一个盒子的宽度依然是未移动前的宽度，只是向上、向右移动了一定的距离。虽然它移出了父级盒子，但是父级盒子并没有因为它的移动而有任何影响，它依然在原来的位置。同样地，第二个、第三个盒子也没有因为第一个盒子的移动而有任何改变，它们的宽度、样式、位置都没有改变。

上面的例子是一个盒子设置了相对定位后，对其他盒子没有影响，如果有两个盒子设置了相对定位，对其他盒子会有影响吗？它们相互之间会有影响吗？下面使用相对定位设置第三个盒子，代码如下所示。

```
.third {
    background-color:#C5DECC;
    border:1px #395E4F dashed;
    position:relative;
    right:20px;
    bottom:30px;
}
```

在浏览器中查看页面效果如图 9.6 所示，第三个盒子的新位置与原来的位置相比，它向上和向左分别移动了 30px、20px。也就是说，“right:20px”的作用是使它的新位置在原来位置的基础上向左移动 20px，“bottom:30px”的作用是使它的新位置在原来位置的基础上向上移动 30px。

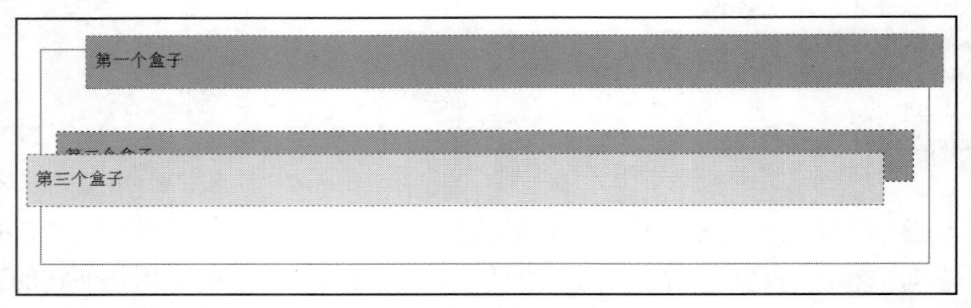

图 9.6　第三个盒子向上向左偏移

从图 9.6 中可以看到第三个盒子设置相对定位后，它向左、向上移动了一定的距离，但是自身的宽度并没有改变，同时它的父级盒子、第一个和第二个盒子也没有因为它的移动而有任何改变。至此可以总结出设置相对定位元素的规律如下。

（1）设置相对定位的盒子会相对它原来的位置，通过指定偏移，到达新的位置。

（2）设置相对定位的盒子仍在标准流中，它对父级盒子和相邻的盒子都没有任何影响。

需要指出的是，上面的例子都是针对标准流方式进行的。实际上，对浮动的盒子使用相对定位也是一样的。

为了验证上述说法，在示例 9.1 的页面代码基础上设置第二个盒子右浮动，关键代码如示例 9.3 所示。

示例 9.3：

```
div,body {
      margin:10px;
      padding:5px;
      font-size:12px;
      line-height:25px;
}
.father {
      border:1px #666 solid;
      padding:0px;
}
.first {
      background-color:#f49d9d;
      border:1px #B55A00 dashed;
}
.second {
      background-color:#b6abfd;
      border:1px #0000A8 dashed;
      float:right;
}
.third {
      background-color:#a7fda1;
      border:1px #395E4F dashed;
}
```

在浏览器中查看页面效果如图 9.7 所示。

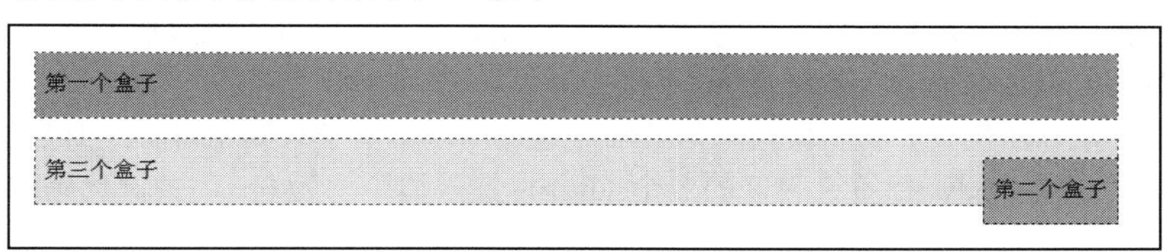

图 9.7　设置第二个盒子右浮动

现在设置第一个盒子向上向左偏移，第二个盒子向上向右偏移，代码如下所示。

```
.first {
    background-color:#FC9;
    border:1px #B55A00 dashed;
    position:relative;
    right:20px;
    bottom:20px;
}
.second {
    background-color:#CCF;
    border:1px #0000A8 dashed;
    float:right;
    position:relative;
    left:20px;
```

Note

```
    top:-20px;
}
```

在浏览器中查看页面效果如图 9.8 所示，第一个盒子向上向左各偏移 20px，第二个盒子向上向右各偏移 20px。

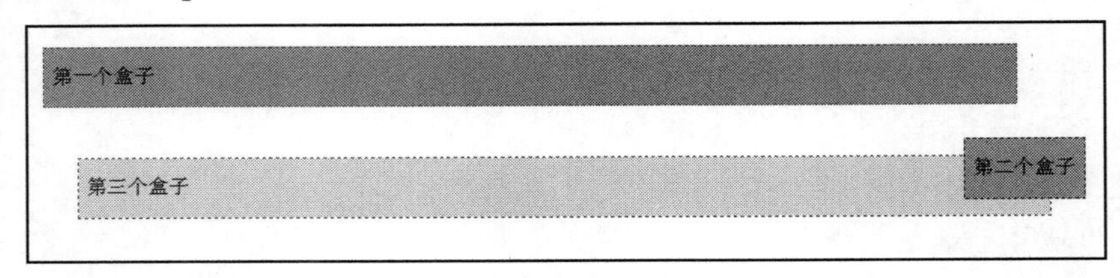

图 9.8　在浮动下偏移

从图 9.8 可以看到，第一个盒子没有设置浮动，它的偏移对父级盒子和相邻两个盒子都没有影响，第二个盒子设置了浮动，但是它的偏移依然对父级盒子和相邻盒子没有影响。由此可以得出一个结论，设置了 position 属性的网页元素，无论是在标准流中还是在浮动时，都不会对它的父级元素和相邻元素有任何影响，它只针对自身原来的位置进行偏移。

9.2.3　absolute（绝对定位）

了解了相对定位以后，下面开始分析 absolute 定位方式，它表示绝对定位。与相对定位不一样，因为绝对定位会把元素彻底从文档流中拿出来。修改上例中的代码，把 relative 改成 absolute，通过上面的学习，可以了解到设置 position 属性时，需要配合 top、right、bottom、left 属性来实现元素的偏移量，而其中核心的问题就是以什么作为偏移的基准。

对于相对定位，就是以盒子本身在标准流中或者浮动时原本的位置作为偏移基准的，那么绝对定位以什么作为定位基准呢？

下面还是以示例 9.1 的网页代码为基础，通过一个个例子来演示讲解绝对定位在页面中的用法。设置<body>标签、内嵌的 3 个<div>标签外边距均为 0px，关键代码如示例 9.4 所示。

示例 9.4：

```
body{margin:0px;}
div {
    padding:5px;
    font-size:12px;
    line-height:25px;
}
.father {
    border:1px #666 solid;
    padding:0px;
}
.first {
    background-color:#F49D9D;
    border:1px #B55A00 dashed;
}
.second {
```

```
        background-color:#B6ABFD;
        border:1px #0000A8 dashed;
    }
    .third {
        background-color:#A7FDA1;
        border:1px #395E4F dashed;
    }
```

在浏览器中查看页面效果如图 9.9 所示，内嵌的 3 个盒子以标准文档流的方式排列。

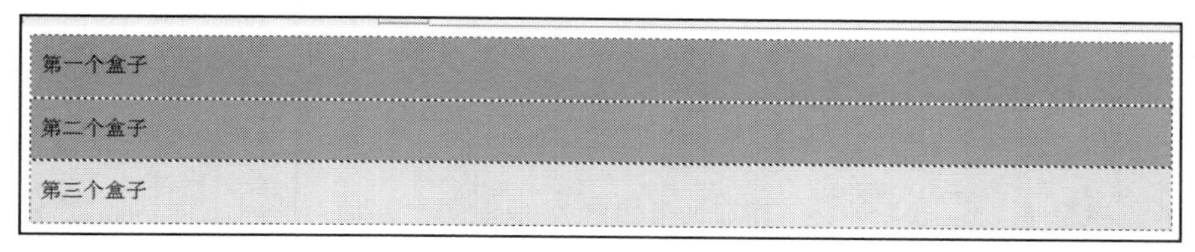

图 9.9　未设置决定定位

现在使用绝对定位来改变盒子的位置，将第二个盒子设置为绝对定位，代码如下所示。

```
.second {
    background-color:#CCF;
    border:1px #0000A8 dashed;
    position:absolute;
    top:0px;
    right:0px;
}
```

这里将第二个盒子的定位方式从默认的 static 改为 absolute，在浏览器中查看页面效果，如图 9.10 所示。从图中可以看到，第二个盒子彻底脱离了标准文档流，它的宽度也变为仅能容纳里面的文本宽度，并且以浏览器窗口作为基准显示在浏览器的右上角，并且此时第三个盒子紧贴第一个盒子，就好像第二个盒子不存在一样。

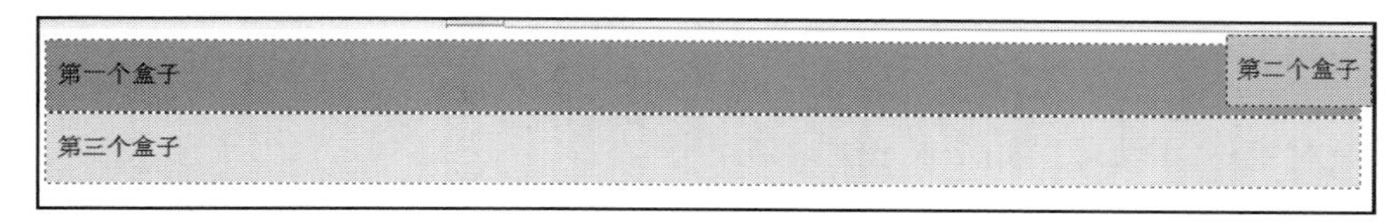

图 9.10　设置第二盒子绝对定位

现在修改上述代码，改变第二个盒子的偏移位置，代码如下所示。

```
#second {
    background-color:#CCF;
    border:1px #0000A8 dashed;
    position:absolute;
    top:40px;
    right:40px;
}
```

在浏览器中查看页面效果如图 9.11 所示。这时可以看到第二个盒子依然以浏览器窗口为基准，从左上角开始向下和向左各移动 40px。

图 9.11　设置偏移

Note

是不是所有的绝对定位都以浏览器窗口为基准来定位呢？当然不是。接下来对父级盒子 father 的代码进行修改，增加一个定位样式，修改后的关键代码如下所示。

```
.father {
    border:1px #666 solid;
    padding:0px;
    position:relative;
}
.first {
    background-color:#f49d9d;
    border:1px #B55A00 dashed;
}
.second {
    background-color:#CCF;
    border:1px #0000A8 dashed;
    position:absolute;
    top:40px;
    right:40px;
}
```

此时在浏览器中查看页面效果，如图 9.12 所示。第二个盒子偏移的距离没有发生变化，但是偏移的基准不再是浏览器窗口，而是它的父级盒子 father 了。

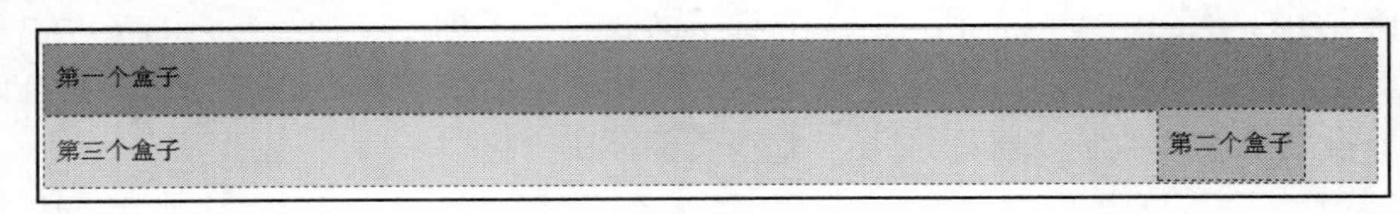

图 9.12　设置父元素定位

对于绝对定位可以得出如下结论。

（1）使用了绝对定位的元素（第二个盒子）以它最近的一个“已经定位”的“祖先”元素（.father）为基准进行偏移。如果没有已经定位的祖先元素，那么会以浏览器窗口为基准进行定位。

（2）绝对定位的元素（第二个盒子）从标准文档流中脱离，这意味着它们对其他元素（第一个、第三个盒子）的定位不会造成影响。

关于上述第一条结论中，有两个带引号的定语，需要进行一些解释。

“已经定位”元素：position 属性被设置，并且设置为除 static 之外的任意一种方式，那么该元素被定义为“已经定位”的元素。

“祖先”元素：就是从文档流的任意节点开始，走到根节点，经过的所有节点都是它的祖先，其中直接上级节点是它的父节点，依此类推。

回到这个实际的例子中，在父级<div>没有设置 position 属性时，第二个盒子的所有“祖

先”都不符合“已经定位”的要求，因此它会以浏览器窗口为基准来定位。而当父级<div>将 position 属性设置为 relative 以后，它就符合“已经定位”的要求了，并且又满足“最近”的要求，因此就会以它为基准进行定位了。

对于绝对定位，还有一个特殊的性质需要介绍，那就是仅设置元素的绝对定位而不设置偏移量，会出现什么情况呢？下面就修改上述代码，仅设置第二个盒子在水平方向上的偏移量，代码如下所示。

```
.second {
    background-color:#CCF;
    border:1px #0000A8 dashed;
    position:absolute;
    right:40px;
}
```

在浏览器中查看页面效果如图 9.13 所示，由于没有在垂直方向上设置偏移量，因此在垂直方向上它还保持在原来的位置，仅在水平方向上向左偏移，距离父级右边框为 40px。

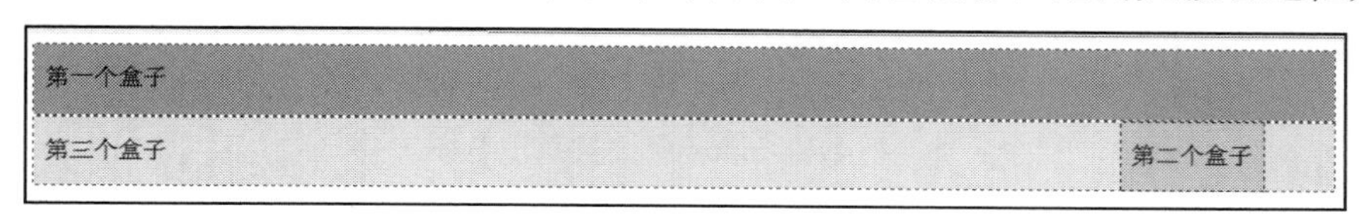

图 9.13　仅设置水平方向偏移

通过上述的演示例子可以得出一个结论，如果设置了绝对定位，而没有设置偏移量，那么它将保持在原来的位置。这个性质在网页制作中可以用于需要使某个元素脱离标准流，而仍然希望它保持在原来的位置的情况。

9.3　z-index 属性

在 CSS 中，z-index 属性用于调整元素定位时重叠层的上下位置。z-index 是针对网页显示中的一个特殊属性。因为显示器显示的图案是一个二维平面，用于 x 轴和 y 轴来表示位置属性。为了表示三维立体的概念如显示元素的上下层的叠加顺序引入了 z-index 属性来表示 z 轴的区别。表示一个元素在叠加顺序上的上下立体关系。

z-index 属性在立体空间中表示垂直于页面方向的 z 轴。z-index 属性的值为整数，可以是正数，也可以是负数。z-index 属性默认值为 0，z-index 值大的层位于其值小的层上方，如图 9.14 所示。当两个层的 z-index 值一样时，那么按文档流顺序，后面的覆盖前面的。

z-index 属性适用于定位元素（position 属性值为 relative 或 absolute 或 fixed 的对象），用来确定定位元素在垂直于显示屏方向（称为 z 轴）上的层叠顺序，也就是说如果元素是没有定位的，对其设置的 z-index 是无效的。

Note

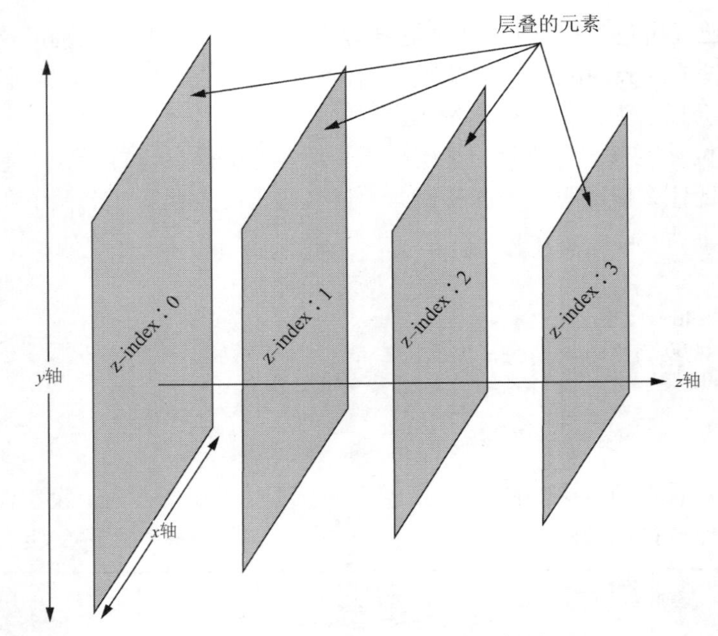

图 9.14　z-index 层叠关系示意图

z-index 属性在网页中也是比较常用的，如图 9.15 所示的旅游活动页面中图片上面的半透明层和文本层就使用了 z-index 属性。

图 9.15　汽车活动页面

下面通过制作图 9.15 页面中的内容来演示 z-index 的应用。首先把所有内容放在一个 class 为 wrpa 的<div>标签中，页面中图片、文本、使用<img>标签和<p>标签排版，HTML 代码如示例 9.5 所示。

示例 9.5：

```
<!Doctype html>
<html>
    <head>
        <meta charset="UTF-8">
        <title>新迈尔</title>
```

```
        <link rel="stylesheet" href="css/reset.css">
        <link rel="stylesheet" href="css/index.css">
    </head>
    <body>
        <div class="wrap">
            <img src="img/car.jpg">
            <p>Jeep 全新指南者 12 月上市</p>
            <div class="bg"></div>
        </div>
    </body>
</html>
```

代码中 p 标签背景色用来创建半透明层，在 CSS 中有两种方式设置元素的透明度，具体方法如表 9.1 所示。

表 9.1　设置层的透明度

属　　性	说　　明	举　　例
opacity:x	x 值为 0～1，值越小越透明	opacity:0.4;
filter:alpha(opacity=x)	x 值为 0～100，值越小越透明	filter:alpha(opacity=40);

由于这两种方法在使用中存在浏览器兼容的问题，IE 9、Firefox、Chrome、Opera 和 Safari 使用属性 opacity 来设定透明度，IE 8.0 及更早的版本使用滤镜 filter:alpha(opacity=x) 来设定透明度。但是在实际网页制作中，并不能确定用户的浏览器，因此在使用 CSS 设定元素的透明度时，通常在样式表中同时设置这两种方法，以适应所有的浏览器。

学习了创建网页元素透明度的设置方法，现在开始编写 CSS 排版、美化页面，需要设置如下几个方面的样式。

（1）设置外层 wrap 的宽度、定位方式。

（2）由于文本层和半透明在图片的上方，所以需要设置它们的定位方式，以及透明层的透明度。设置完成后的 CSS 代码如下所示。

```
.wrap{
    margin: 0 auto;
    width:630px;
    position: relative;
    height: 420px;
}
.wrap .bg{
    width: 100%;
    height: 50px;
    background: #000;
    opacity: 0.3;
    filter:alpha(opacity=30);
    position: absolute;
    left: 0;
    bottom: 0;
}
.wrap p{
```

Note

```
    position: absolute;
    bottom: 0;
    color: #FFF;
    line-height: 50px;
    width: 100%;
    text-align:center;
    font-size: 22px;
}
```

在浏览器中查看页面效果，如图 9.16 所示，图片上方的文本显示得非常不清楚，为什么会这样呢？

图 9.16　没有设置 z-index 属性

现在再回头看一下 HTML 代码，透明层<div>在文本层<p>的后面编写，文本层和透明层都设置了绝对定位，而且都没有设置 z-index 属性，它们默认的值都为 0。根据当两个层的 z-index 值一样时，将保持原有的高低覆盖关系，因此透明层覆盖到了文本层的上方。

现在不改变 HTML 代码，仅通过 CSS 设置文本层到透明层的上方，这就需要设置 z-index 属性了，现在修改文本层样式，增加 z-index 属性，代码如下所示。

```
.wrap p{
    position: absolute;
    bottom: 0;
    color: #FFF;
    line-height: 50px;
    width: 100%;
    text-align:center;
    font-size: 22px;
    z-index:1;
}
```

在浏览器中查看页面效果如图 9.17 所示，文本清晰地显示在透明层的上方了。

由此可以知道，网页中的元素都含有两个堆叠层级，一个是未设置绝对定位时所处的环境，这时所有层的 z-index 属性值总是 0，如同页面中的图片层、下方文本层；另一个是设置绝对定位时所处的堆叠环境，这个环境所处的位置由 z-index 属性来指定，如同页面中的透明层和其上方的文本层，z-index 值大的层覆盖值小的层。如果需要设置了绝对定位的层

在没有设置绝对定位的层下方，只需要设置绝对定位的层的属性 z-index 值为负值即可。

图 9.17　设置 z-index 属性

9.4　技 能 训 练

1. 制作易镁商城导航下拉菜单

需求说明：

根据提供的网页素材制作如图 9.18 所示的易美科技导航下拉列表，要求如下。

（1）在提供的网页的基础上添加或修改 CSS 样式，实现下拉列表导航菜单。

（2）当鼠标放到一级菜单上时，显示对应的二级菜单；当鼠标离开一级菜单或对应的二级菜单时，下拉列表消失。

（3）使用相对定位与绝对定位相结合的方法实现下拉菜单，二级菜单紧贴着对应的一级菜单下方，并且二级菜单与对应一级菜单的背景图片左侧对齐。

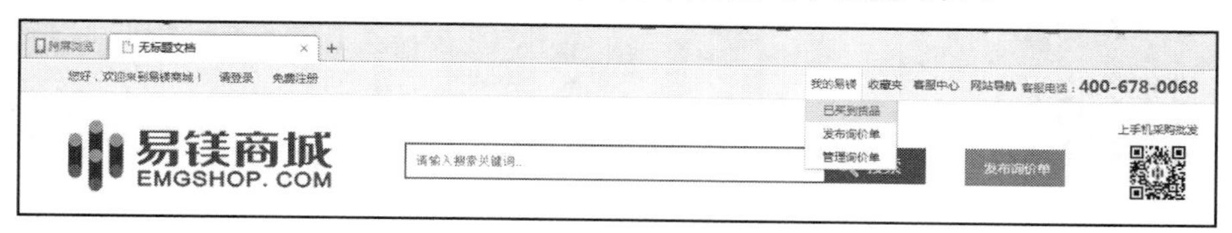

图 9.18　易镁商城

2. 制作当当图书榜页面

需求说明：

制作如图 9.19 所示的当当网图书榜页面，要求如下。

（1）页面右上角“3 折疯抢”图片使用定位方式实现。

（2）页面导航菜单字体颜色为白色，鼠标移至菜单上时出现下划线。

（3）页面中的英文字体为 Verdana，中文字体为宋体，字体大小为 12px。

（4）“图书畅销榜”图片使用 position 定位方式实现，并且图书列表中的“1”、“2”和“3”数字图片均使用 position 定位方式实现。

（5）图书列表中的图片与文本混排使用定义列表方式排版。

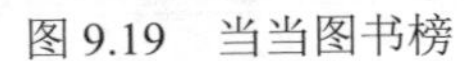

图 9.19　当当图书榜

3. 制作带按钮的广告效果图

需求说明：

制作如图 9.20 所示的带按钮的图片横幅广告页面，要求如下。

（1）使用 background-color 属性设置下面按钮背景颜色为绿色。

（2）使用 background 属性设置左右按钮背景色为黑色半透明。

（3）使用 border 属性设置数字按钮边框样式为 1px 的灰色实线。

（4）使用无序列表排版下面按钮。

图 9.20　带按钮的广告效果图

4. 制作 960 商城-商品筛选页

需求说明：

制作如图 9.21 所示的 960 商城-商品筛选页面，要求如下。

（1）使用定位布局"疯抢"、"满减"、"热卖"和"特卖" 4 个热标的位置。

（2）使用 background 设置购物车图标。

（3）使用浮动完成页面布局。

图 9.21　960 商城-商品筛选页

本 章 总 结

☑　使用 position 属性定位页面元素。

☑　position 属性值有 static、relative、absolute 和 fixed，其中 relative 和 absolute 两种定位方式是网页制作中经常使用的。

☑　使用 z-index 属性控制定位元素的堆叠顺序。

第10章

项目案例

本章简介

到本章为止，这门课程已接近尾声。通过前面章节的学习和技能训练，相信你已经可以游刃有余地使用 DIV+CSS 布局并制作较为复杂的网页了。

为了能够更好地练习使用 CSS 布局、美化网页，熟练、快速地制作网页，本章将学习制作易镁商城网站，综合运用学习过的知识，巩固使用 HTML 编辑网页，使用 CSS 布局并美化网页，牢固掌握学习过的知识和技能点。

本章工作任务

- 制作易镁商城网站页面

本章技能目标

- 使用 float 属性进行多列的网页布局
- 使用 position 属性定位网页元素
- 使用字体样式和文本样式排版网页文本
- 使用背景属性设置网页元素的背景
- 使用盒子模型属性设置网页元素
- 使用无序列表制作导航、列表信息
- 制作语义化的表单

预习并回答以下问题

1. 如何使用<div>标签与 float 属性相结合的方式创建横向多列布局？

2. 如何使用无序列表制作横向导航菜单？

3. 如何使用自定义列表制作图文混排的商品列表？

4. 如何制作语义化的表单？

10.1 案 例 分 析

易镁商城是电子商务类网站。说到电子商务网站，大家都是非常熟悉的，就是可以进行商品展示、会员注册、登录、在线购买商品的网站。那么本章就在易镁商城网站的基础上，挑选部分页面供大家练习。

10.1.1 需求描述

在易镁商城网站中，除了包含镁质矿物原材料、金属镁与镁合金等商品类栏目外，还有一些服务性页面，如服务、登录、注册页面。本次要制作的页面包括首页、产品页、样品页、品牌页、方案页以及服务、登录和注册页面，图 10.1～图 10.8 是项目案例的页面效果图。

图 10.1　易镁商城首页

图 10.1 易镁商城首页（续）

Note

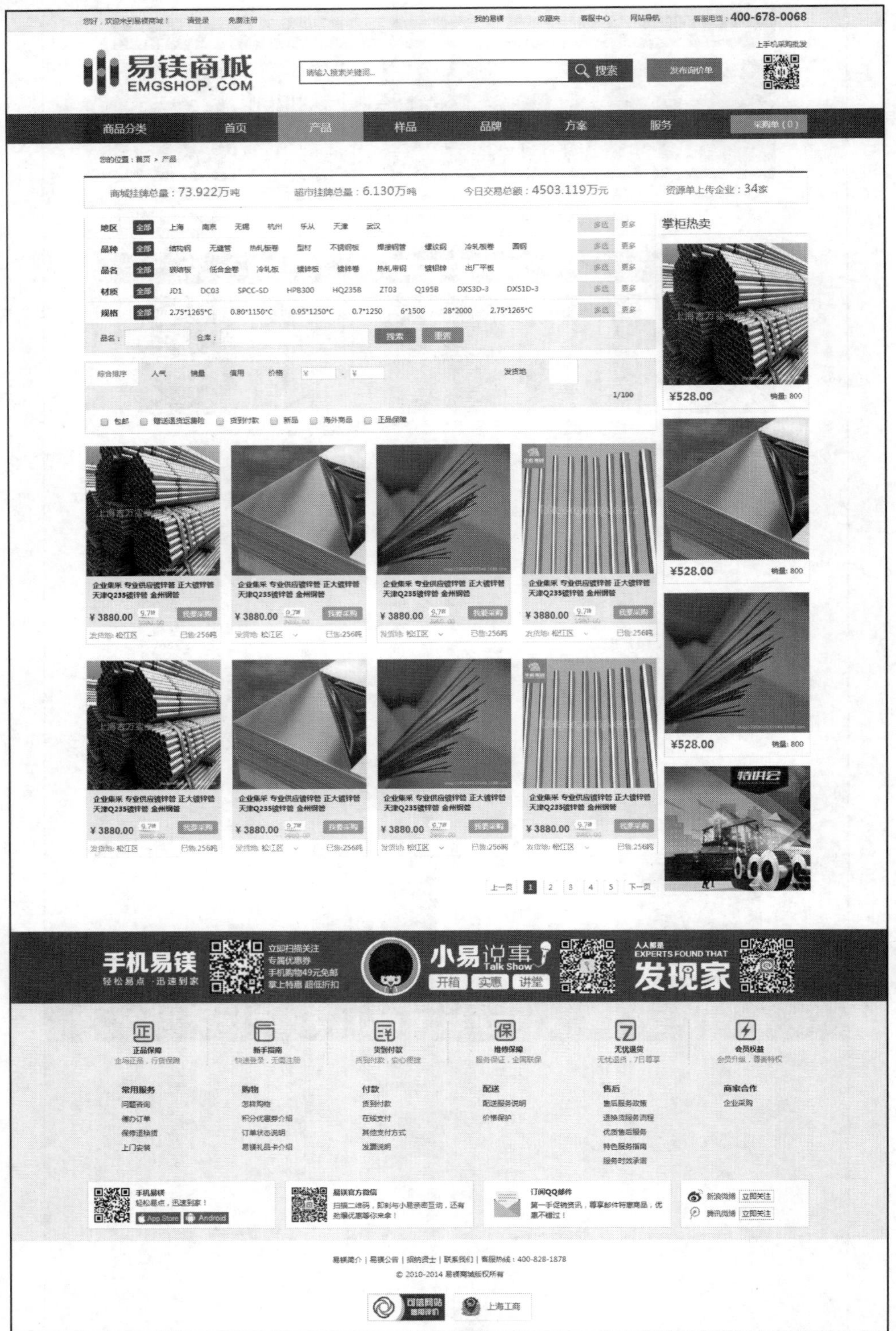

图 10.2　易镁商城产品页

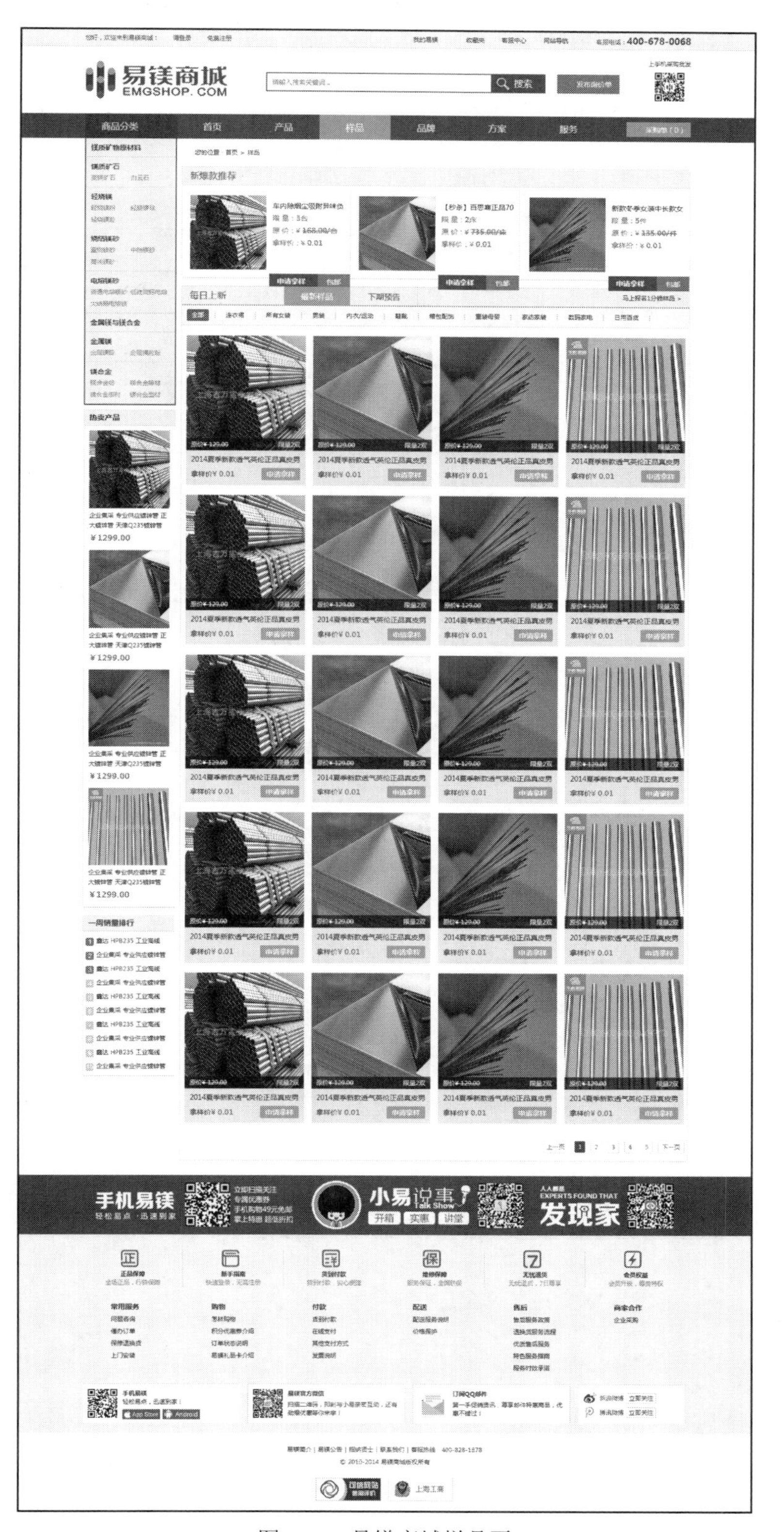

图 10.3　易镁商城样品页

Note

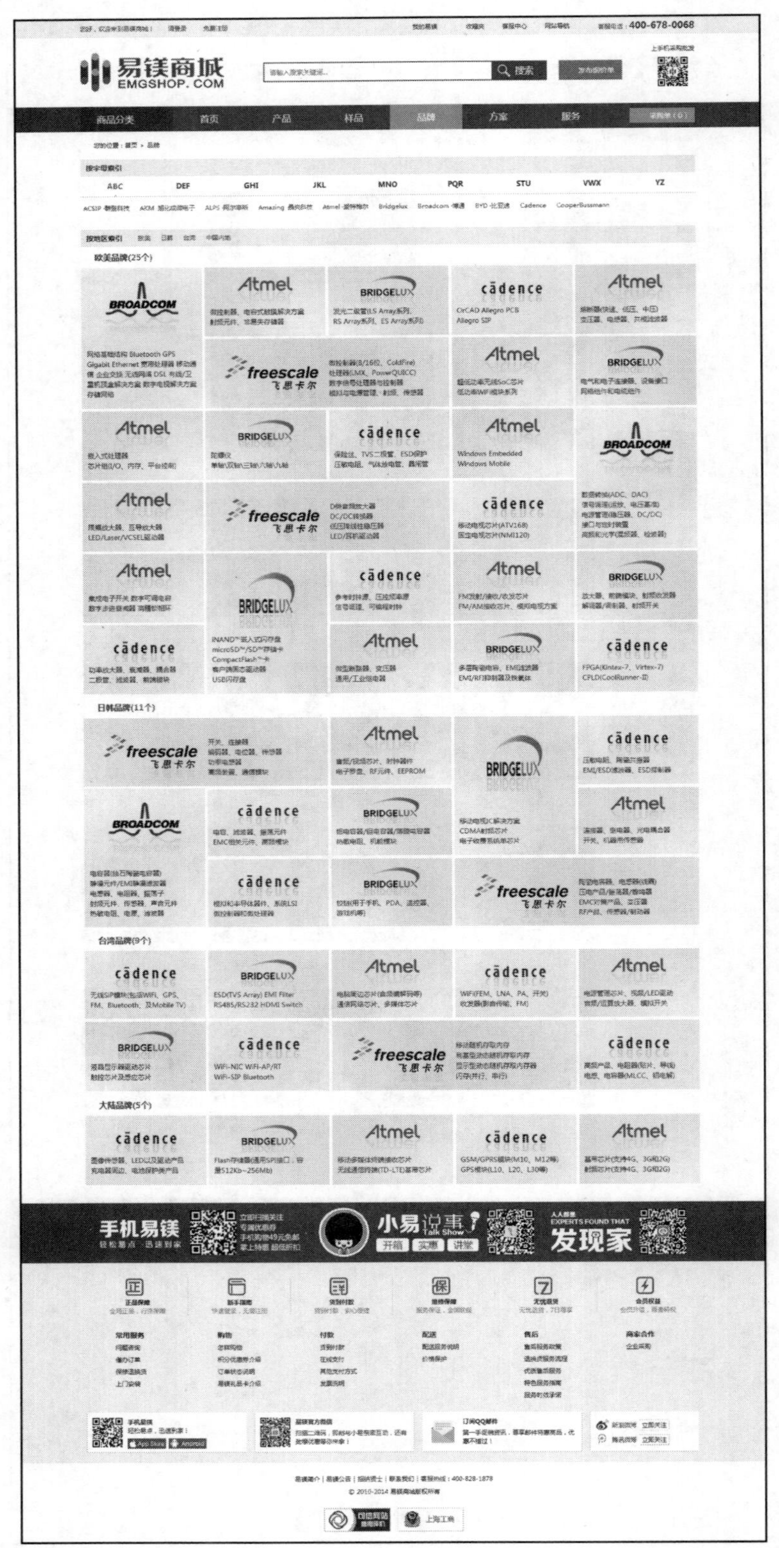

图 10.4　易镁商城品牌页

Note

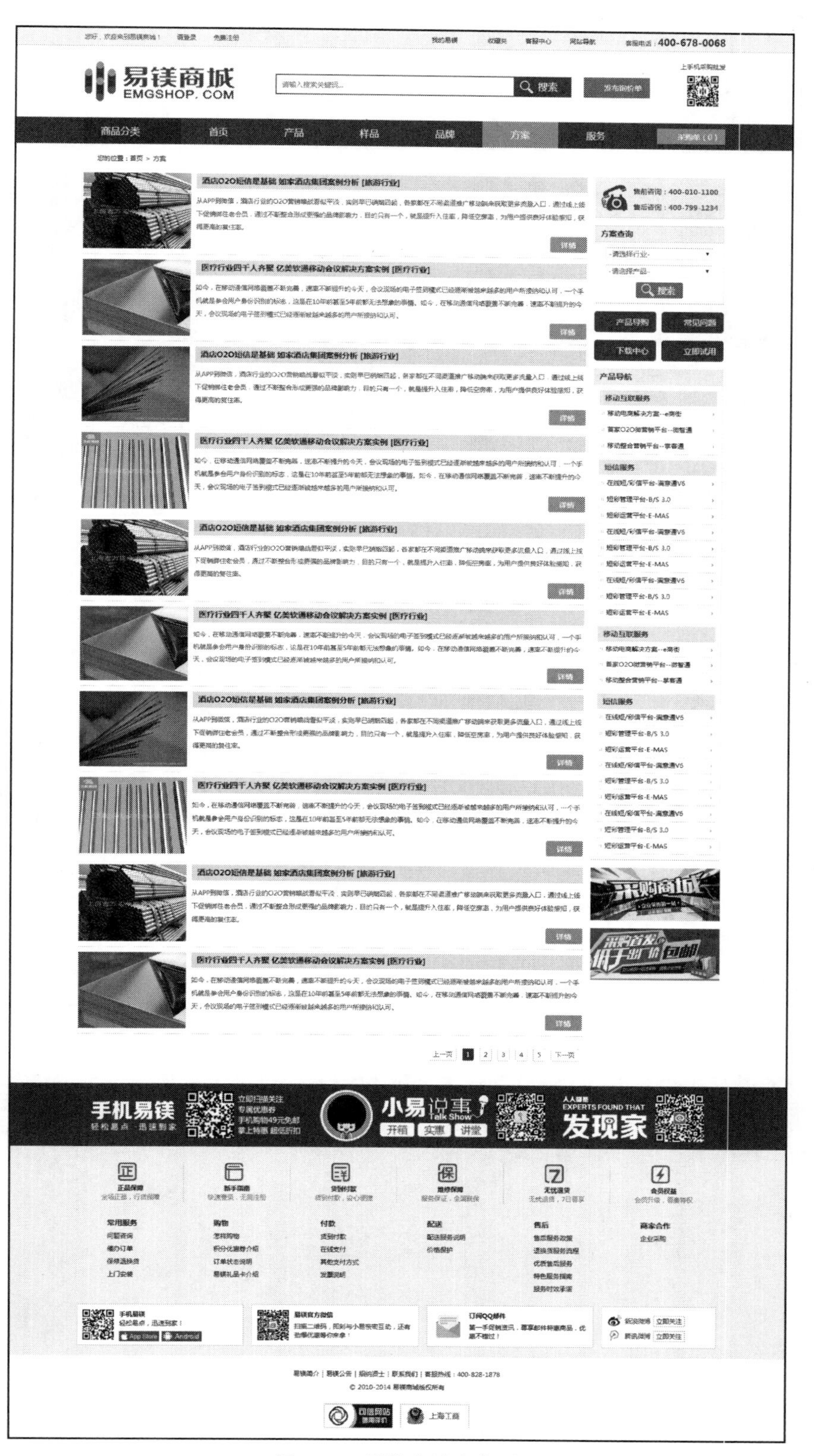

图 10.5　易镁商城方案页

Note

图 10.6　易镁商城服务页

图 10.7　易镁商城登录页

图 10.8　易镁商城注册页

10.1.2 开发环境

开发工具：WebStorm 11.0.3。

10.1.3 覆盖技能点

☑ 会使用 HTML 代码编辑网页。
☑ 会制作语义化的表单。
☑ 会使用字体样式和文本样式美化网页文本。
☑ 会使用 font-size 属性设置字体大小。
☑ 会使用 font-family 属性设置字体类型。
☑ 会使用 font-style 属性设置字体风格。
☑ 会使用 font-weight 属性控制文字粗细。
☑ 会使用 color 属性设置文本颜色。
☑ 会使用 text-align 和 vertical-align 属性设置网页元素对齐方式。
☑ 会使用 text-indent 和 line-height 属性设置段落首行缩进和行高。
☑ 会使用 text-decoration 设置文本的装饰效果。
☑ 会使用 CSS 设置超链接样式。
☑ 会使用背景属性设置网页元素的背景。
☑ 会使用 background-color 属性设置网页元素的背景颜色。
☑ 会使用 background-image 属性设置网页元素的背景图像。
☑ 会使用 background-repeat 和 background-image 控制背景图像的重复和位置。
☑ 会使用 background 属性统一设置网页元素的背景颜色、背景图像，以及设置背景图像的重复方式和位置。
☑ 会使用盒子模型属性美化网页元素。
☑ 会使用 border 属性设置网页元素的边框样式。
☑ 会使用 padding 属性设置网页元素的内边距。
☑ 会使用 margin 属性设置网页元素的外边距。
☑ 会计算盒子模型尺寸。
☑ 会使用 margin 属性设置盒子元素居中对齐。
☑ 会使用浮动布局并排版网页内容。
☑ 会使用 float 属性布局网页。
☑ 会使用 float 属性与列表结合制作横向导航菜单。
☑ 会使用 clear 属性清除浮动及扩展盒子高度。
☑ 会使用 overflow 属性处理溢出和扩展盒子高度。
☑ 会使用 position 属性定位网页元素。

10.1.4　问题分析

从图 10.1～图 10.8 可以看到，易镁商城网站是一个企业对个人的电子商务网站。需要制作的是它的首页、产品、样品、品牌、方案、服务、登录与注册页，一共 8 个页面。

从这些页面的效果图可以看到，这几个页面有一个共同点，那就是网页顶部导航和网页底部的网站版权是一样的，都可以看作上中下结构。也就是说，最上方都是网站导航；中间部分是网页主体显示内容，每个页面的主体内容都不一样；最下方都是网站版权相关信息。因此，可以先制作网站的导航和版权部分，这样在制作其他页面时，可以直接使用已经制作完成的导航和版权部分即可。

1. 网站结构

开发一个网站，网站中的文件结构是否合理是非常重要的，因此在网页制作前需要设置网站文件的结构。通常开发一个网页需要一个总的目录结构。例如，本网站起名 yimei-sc，CSS 样式表文件通常放在 CSS 文件夹中，网页中用到的图片通常放在 image 或 images 文件夹中。

2. 使用无序列表布局网页的局部结构

使用 ul-li 布局网页的局部结构是网站中经常用到的一种方式，通常用于导航菜单、列表等。如图 10.9 所示页面右上方的顶部导航及网站主导航菜单都是使用无序列表排版的。

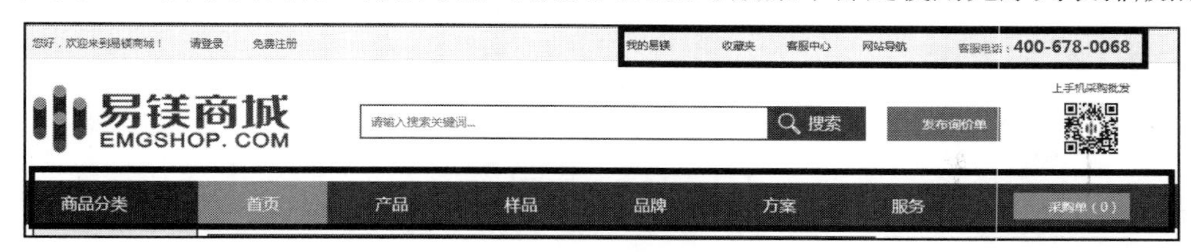

图 10.9　网站导航

使用无序列表排版主导航菜单，HTML 代码非常简洁，如下所示。

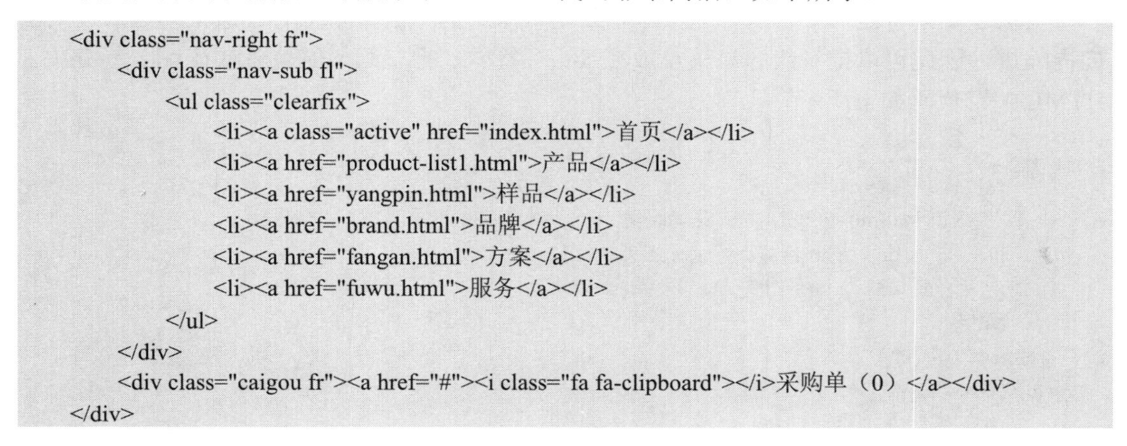

```
<div class="nav-right fr">
    <div class="nav-sub fl">
        <ul class="clearfix">
            <li><a class="active" href="index.html">首页</a></li>
            <li><a href="product-list1.html">产品</a></li>
            <li><a href="yangpin.html">样品</a></li>
            <li><a href="brand.html">品牌</a></li>
            <li><a href="fangan.html">方案</a></li>
            <li><a href="fuwu.html">服务</a></li>
        </ul>
    </div>
    <div class="caigou fr"><a href="#"><i class="fa fa-clipboard"></i>采购单（0）</a></div>
</div>
```

使用 CSS 设置主导航菜单，首先使用 float 属性设置列表项左浮动。

Note

3. 使用 dl-dt-dd 布局网页的局部结构

使用 dl-dt-dd 布局网页的局部结构是网站中经常用到的一种页面布局方式，通常用于图文混排或标题与解释性内容相混排的情况，如图 10.10 所示的首页左侧的导航菜单就可用这种方式实现。

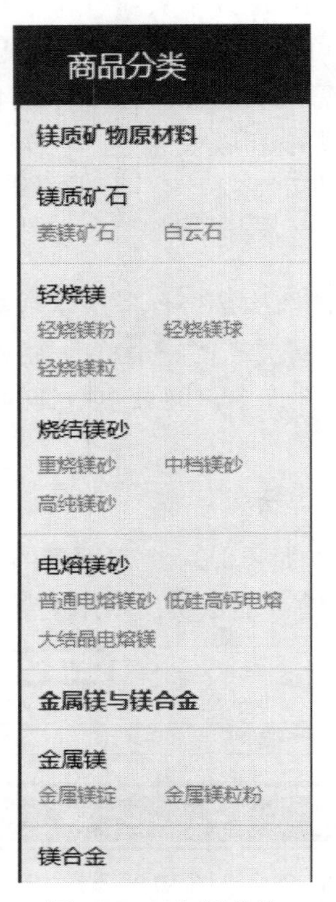

图 10.10　左侧菜单

首页左侧菜单是一个二级导航菜单，都是一个大的一级菜单下有二级菜单，二级菜单向内缩进，因此可以把一级导航菜单放在<dt>标签中，把二级导航菜单放在<dd>标签中。HTML 关键代码如下所示。

```
<h3>
    <dl class="clearfix">
        <dt><a href="#">镁质矿石</a></dt>
            <dd><a href="#">菱镁矿石</a></dd>
            <dd><a href="#">白云石</a></dd>
    </dl>
</h3>
<div class="item">
    <h3>
        <dl class="clearfix">
            <dt><a href="#">轻烧镁</a></dt>
            <dd><a href="#">轻烧镁粉</a></dd>
            <dd><a href="#">轻烧镁球</a></dd>
```

```
                <dd><a href="#">轻烧镁粒</a></dd>
            </dl>
        </h3>
    </div>
    <div class="item">
        <h3>
            <dl class="clearfix">
                <dt><a href="#">烧结镁砂</a></dt>
                <dd><a href="#">重烧镁砂</a></dd>
                <dd><a href="#">中档镁砂</a></dd>
                <dd><a href="#">高纯镁砂</a></dd>
            </dl>
        </h3>
    </div>
```

关键的 CSS 代码如下所示。

```
    .item h3 dd{
        line-height: 24px;
        height: 24px;
        overflow: hidden;
        font-size: 12px;
        margin: 0;
        padding: 0;
        float: left;
        width: 48%;
        padding-right: 2%;
    }
     .item h3 dt{
            font-size: 14px;
            line-height: 24px;
    }
    .item h3{
        line-height: 35px;
        border-bottom: 1px solid #D0E0F1;
        padding: 1px 10px;
        margin: 0;
        font-size: 14px;
        font-weight: normal;
        width: 156px;
        overflow: hidden;
    }
```

4. 制作语义化表单

制作语义化表单是一个非常好的编写 HTML 代码的习惯，它便于后期的维护和搜索引擎搜索。例如，用户登录部分就使用了语义化的表单，关键代码如下所示。

```
<div class="login-layer fr">
    <h2>登录易镁商城</h2>
    <div class="form-item">
        <input name="" type="text" value="手机号/邮箱/用户名" onclick="this.value=";focus()"/>
        <input type="password" placeholder="密码" onclick="this.placeholder=";focus()"/>
    </div>
    <div class="form-other clearfix">
        <div class="fl">
            <input name="" type="checkbox" value="" />
              自动登录
        </div>
        <div class="fr"><a class="blue" href="#">忘记密码？</a></div>
    </div>
    <div class="login-btn"><a href="#">登  录</a></div>
    <div class="login-foot">合作账号登录：<a class="xinlang" href="#">新浪微博</a><a class="qq"
href="#">腾讯 QQ</a>
        <p>还不是易镁会员？<a class="blue" href="register.html">立即注册</a></p>
    </div>
</div>
```

5. 页面居中显示

页面居中对齐是网页制作中经常用到的一个功能。例如，本网站各个页面内容均放在一个 id 为 wrap 的<div>中，需要设置其居中显示，代码如下所示。

```
.content{
    margin:0 auto;
    padding:0;
    width:1190px;
}
```

10.2 项目需求

根据以上的分析，想必大家已经知道如何整体布局网页、如何布局页面中的局部内容了。下面就依次制作网页，首先制作网页的公用部分，即网站的导航和版权部分。

10.2.1 制作网站公用部分

网站导航和版权部分对任何一个网站都是必不可少的。网站导航对整个网站有着提纲的作用，为了方便用户在复杂的网站页面之间跳转；版权部分通常是一些网站备案信息及一些页面中公用部分的内容。易镁商城网站的导航和版权部分的页面效果如图 10.11 所示。

图 10.11 网站公用部分（导航和版权部分）

（1）页面最顶部是顶部导航、网站 LOGO、主导航和商品分类。使用无序列表制作顶部导航和主导航菜单，使用文字、文本、背景、浮动等属性定位、美化网页元素。

（2）主导航菜单包括首页、产品、样品、品牌、方案和服务等内容。

（3）由于网站信息量非常大，为了提高用户体验，网站还在主导航菜单下部增加了商品分类导航。

（4）网站版权部分包括服务导航及版权信息等内容，使用自定义列表制作网站版权部分的服务导航内容。

（5）主导航菜单超链接文本颜色为白色，当鼠标移至超链接上时背景颜色变为绿色。

思路分析：

（1）使用 float 属性结合自定义列表制作如图 10.12 所示的服务导航信息，每列的信息放在<li>标签中，关键代码如下所示。

```
<ul class="mod_agree_con clearfix">
    <li class="mod_agree_item mod_agree_item1">
        <i></i>
        <a href="#">
            <strong>正品保障</strong>
            <span>全场正品，行货保障</span>
        </a>
    </li>
    <li class="mod_agree_item mod_agree_item2">
        <i></i>
        <a href="#">
            <strong>新手指南</strong>
```

```
            <span>快速登录，无须注册</span>
        </a>
    </li>
    <li class="mod_agree_item mod_agree_item3">
        <i></i>
        <a href="#">
            <strong>货到付款</strong>
            <span>货到付款，安心便捷</span>
        </a>
    </li>
    <li class="mod_agree_item mod_agree_item4">
        <i></i>
        <a href="#">
            <strong>维修保障</strong>
            <span>服务保证，全国联保</span>
        </a>
    </li>
    <li class="mod_agree_item mod_agree_item5">
        <i></i>
        <a href="#">
            <strong>无忧退货</strong>
            <span>无忧退货，7 日尊享</span>
        </a>
    </li>
    <li class="mod_agree_item mod_agree_item6">
        <i></i>
        <a href="#">
            <strong>会员权益</strong>
            <span>会员升级，尊贵特权</span>
        </a>
    </li>
</ul>
```

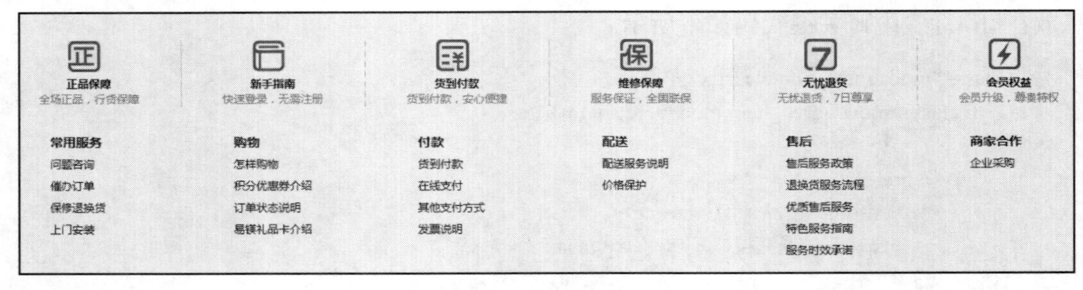

图 10.12　服务导航信息

（2）网站导航和版权制作完成后，保存网页。为了之后几个页面可使用此导航和版权部分，可将此网页保存多个，分别命名为 index.html、product- list1.html、yangpin.html、brand.html、fangan.html 和 fuwu.html，制作其他页面时直接在此基础上制作即可。

Note

10.2.2　制作网站首页

首页是任何一个网站的主要页面，易镁商城网站主页中的主体内容如图 10.13 所示。

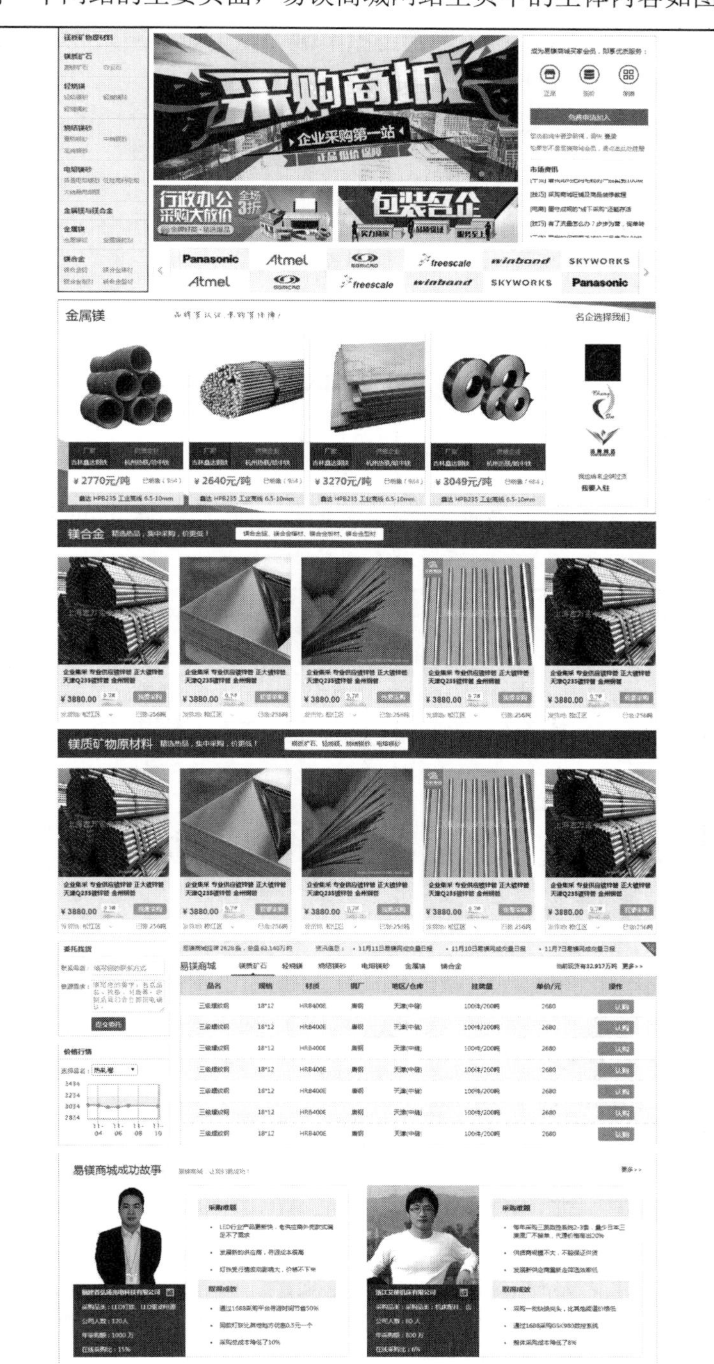

图 10.13　易镁商城首页主体内容

Note

（1）网页主体内容最上方是一个 banner，banner 下方是图片广告和市场资讯，使用标题标签和无序列表排版市场资讯内容。

（2）使用<div>标签排版金属镁模块，使用 float 属性、背景属性、字体属性、文本属性等美化、定义金属镁内容。

（3）使用<div>标签、字体标签和超链接等编写镁合金镁质矿物原材料等模块，使用 float 属性、定位属性、背景属性等美化模块。

（4）使用表单以及表格实现“委托找货”、“价格行情”和商品信息列表。

思路分析：

（1）由易镁商城首页主体内容效果图可以看到，主体内容由 5 个部分组成，即 banner、金属镁、镁合金、委托找货与商城故事，这几个模块使用<div>布局为横向单列布局。

（2）banner 分为左侧菜单和右侧内容部分，分别使用两个<div>横向布局，右侧内容部分分为上下两部分，使用<div>纵向布局。

（3）其他模块都是分为左右布局，使用<div>横向布局即可。

10.2.3 制作产品首页

产品页是为了更好地展示易镁商城而做的页面，产品首页的主体内容如图 10.14 所示。

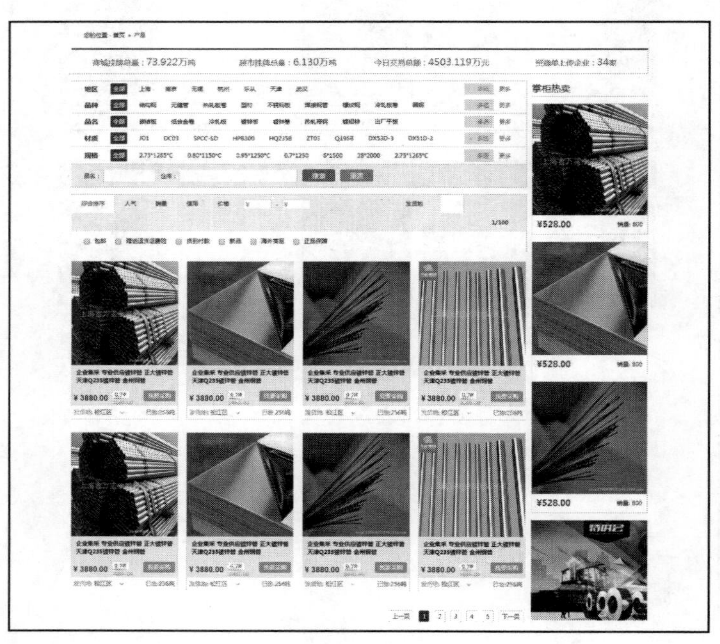

图 10.14　产品主体内容

（1）网页主体最上方是商品总量、交易金额。

（2）产品首页左侧内容是产品信息。使用自定义列表制作信息列表，使用<div>和 float 属性等方式实现。

（3）页面右侧是掌柜热卖产品展示。

10.2.4　制作样品首页

样品页是给顾客展示最新产品的页面，样品首页的主题内容分为左右两大模块，如图 10.15 所示。

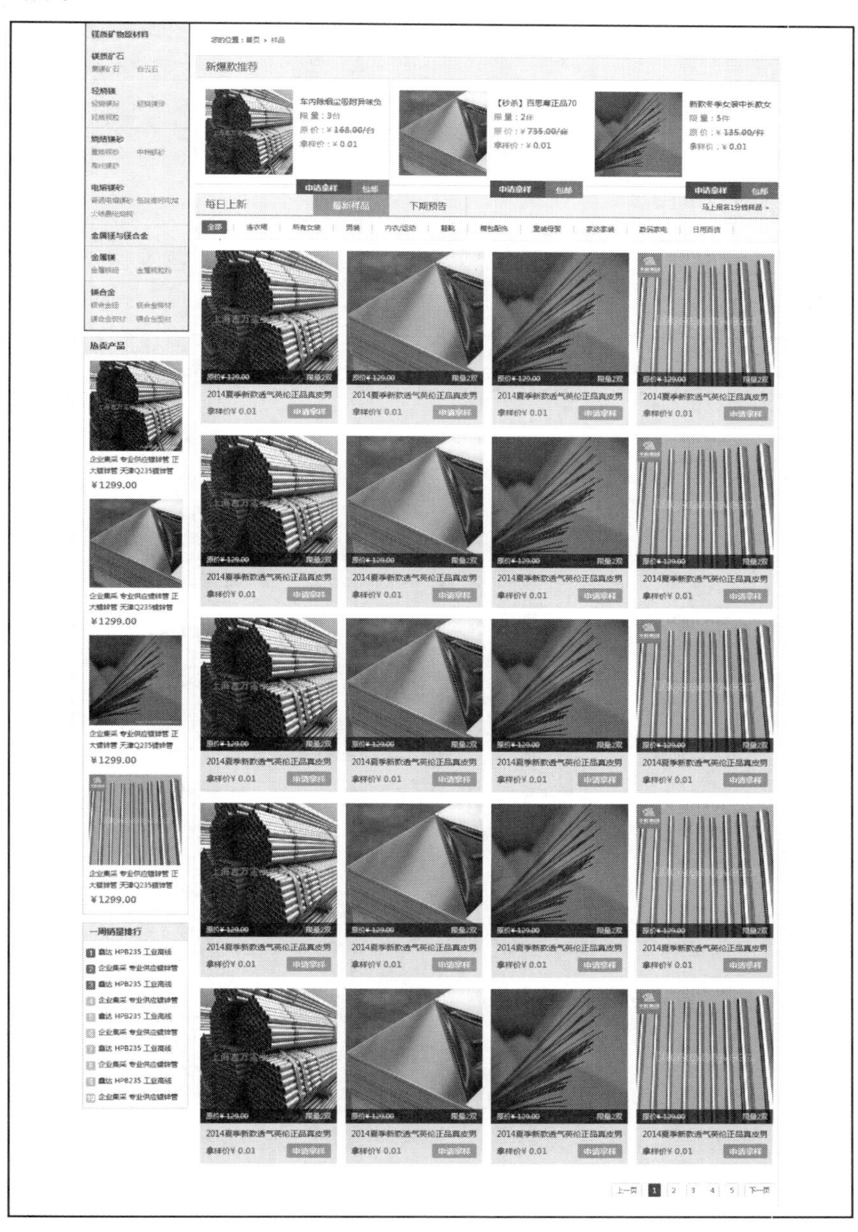

图 10.15　样品主体内容

思路分析：

左右两模块可以使用<div>添加 float 属性布局，左侧有菜单、热卖产品和一周销量排行；热卖产品是图文混排，可以用<dl>列表实现，图片放在<dt>标签内，文字放在<dd>标签内；一周销量排行用标题标签，销量内容可以用无序列表<ul><li>标签。前面的数字用<span>标签，示例代码如下。

Note

```
<ul>
    <li><a href=""><span>1</span>鑫达 HPB235 工业高线</a></li>
    <li><a href=""><span>2</span>企业集采专业供应镀锌管</a></li>
    <li><a href=""><span>3</span>鑫达 HPB235 工业高线</a></li>
    <li><a href=""><span>4</span>企业集采专业供应镀锌管</a></li>
    <li><a href=""><span>5</span>鑫达 HPB235 工业高线</a></li>
</ul>
```

10.2.5 制作品牌首页

品牌页面是更好地展现商城产品的品牌效果，品牌首页的主题内容分为上下结构，页面效果如图 10.16 所示。

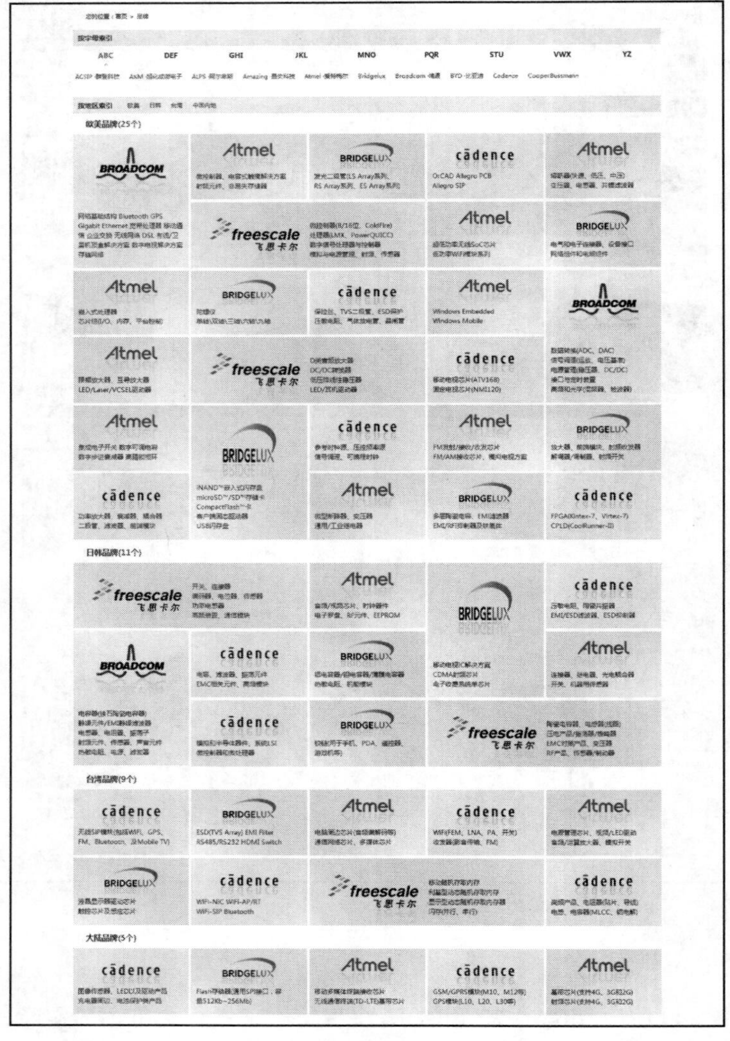

图 10.16 品牌主体内容

品牌页面内容比较单一，页面主体内容上方是品牌搜索，下面是各个地区的产品的品牌。主要以图片为主。

10.2.6　制作方案首页

方案页面是给客户提供更优质的选择，针对不同的行业选择不同的材料。方案首页的主体内容如图 10.17 所示。

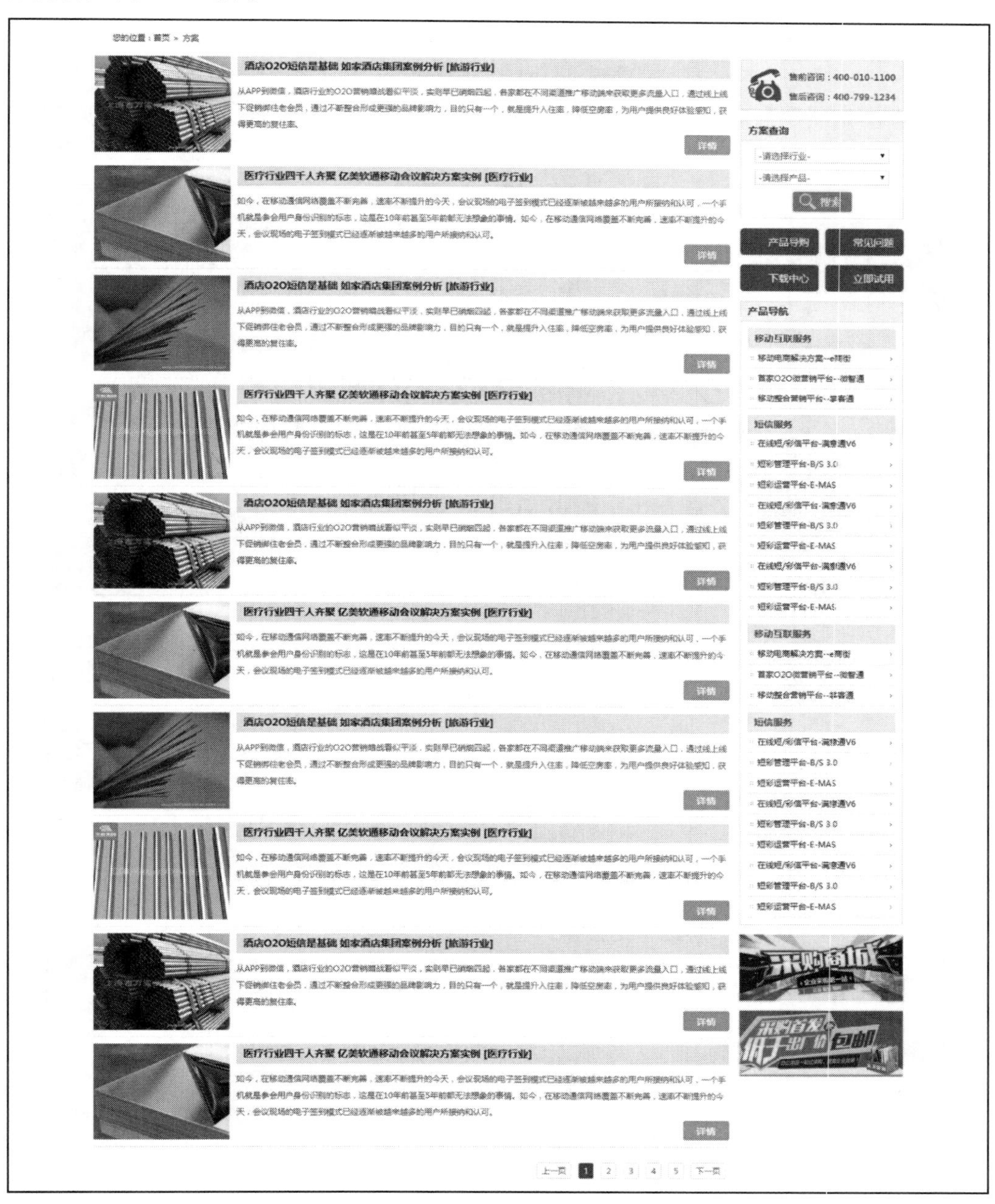

图 10.17　方案主体内容

思路分析：

（1）主体内容分为左右两部分，使用两个<div>配合 float 属性来完成。

（2）左边方案可以使用列表，每一条方案放在一个<li>标签中，然后用标签的嵌套填充内容，使用<img>标签、<h>标签和<p>标签等。

（3）右边的方案查询即是一个表单结构，产品导航用标题标签和列表即可，最后再使用 CSS 美化页面。

10.2.7　制作服务首页

服务页面是展现商城可以为顾客提供哪些优良的服务。服务页面的主体内容如图 10.18 所示。

图 10.18　服务主体内容

思路分析：

这个页面比较简单，主要以图片和背景为主，媒体报道部分以文字<p>为主，使用 background 添加样式美化页面即可。

10.2.8　制作登录和注册页面

易镁商城网站的登录与注册页主要有两部分内容，分别是登录部分、注册新用户部分，页面完成效果如图 10.19 和图 10.20 所示。

（1）使用语义化表单制作登录和注册内容。

（2）登录和注册部分的用户输入框的边框样式为 1px 灰色实线。

（3）登录和注册提交按钮的背景图像均使用背景属性实现。

图 10.19　登录页面

图 10.20　注册页面

思路分析：

（1）由登录与注册页面效果图可以看到，页面由两部分组成，即网站上方的登录与注册部分。

（2）输入框的边框样式使用盒子模型属性 border 来设置边框的宽度、样式和颜色。

（3）按钮的背景图像使用背景图像属性设置背景样式即可。

10.3　技能训练

1．根据项目需求和提供的素材，检查并完成本项目案例中的各个网页。

2．总结项目完成情况，记录项目开发过程中的得失，提升技术能力。

版 权 声 明